海南东部

城市野生花卉图鉴

杨东梅　吴友根　著

中国林业出版社
China Forestry Publishing House

图书在版编目 (CIP) 数据

海南东部城市野生花卉图鉴 / 杨东梅 , 吴友根著 .
－北京：中国林业出版社 , 2020.9

ISBN 978-7-5219-0792-6

Ⅰ . ①海… Ⅱ . ①杨… ②吴… Ⅲ . ①野生植物－花卉－
海南－图谱 Ⅳ . ① Q949.408-64

中国版本图书馆 CIP 数据核字（2020）第 175196 号

中国林业出版社·自然保护分社（国家公园分社）

策划编辑：刘家玲

责任编辑：刘家玲　　甄美子

出版：中国林业出版社（100009 北京西城区刘海胡同 7 号）
　　　电话：83143519　　83143616
制作：北京美光设计制版有限公司
印刷：北京中科印刷有限公司
版次：2020 年 9 月第 1 版
印次：2020 年 9 月第 1 次
开本：787mm×1092mm　1/16
印张：13.5
字数：400 千字
定价：150.00 元

自　序 / Foreword

　　海南岛地处热带北缘，属热带季风气候，水热资源充沛，植被茂密，是我国岛屿型热带雨林分布面积最大、物种多样性最为丰富的热带区域。由于海南岛中部的五指山与黎母岭山脉阻挡了南北坡气流的交换，海南岛东西海岸气候条件差异明显，尤其是降雨量大不相同。这种气候的差异直接反映在植被类型上。从东海岸的杨梅村，经铜铁岭、吊罗山到五指山，依次是海滨沙生植被、红树林、海岸林、低地雨林、山地雨林、山顶苔藓矮林等湿润型植被类型。而在西海岸，如昌江到霸王岭一带，则分布着一定面积的稀树草原、稀树灌丛、半落叶和落叶林等适应干旱环境的植被类型。

　　因为教学及科研工作的需要，作者常常到海南岛的东海岸及中西部山区考察。除了完成教学任务、采集目标物种外，还拍摄野花野草。日积月累，便积攒了不少海南岛野生植物的照片。海南岛的野生植物有不少种类都有比较高的观赏价值和药用价值，但仅有一小部分植物被开发利用成园林植物或药用植物，大部分植物目前仍未被民众所了解和认识。为满足教学的需要，以及提高民众对海南岛野生植物的认识，笔者从中筛选出拍摄于海南岛东海岸（包括海口、文昌、琼海、万宁、陵水、三亚）的200种具有较高观赏价值和良好药用价值的野生植物，400余张照片，撰写成此书，重点介绍其主要形态特征、生境特点、分布范围、园林用途和药用价值等。这200种野生植物大部分生长在校园内、公园里或道路旁，是野生植物中的"大路货"，非常常见。然而，除了从事植物分类、植物资源研究的人员外，这些"大路货"却鲜为人知。因此，有必要从这些身边常见的野生植物开始，了解和认识海南岛的野生植物。

　　本书可供园艺学、植物学、生态学、园林学、作物学、中药学等植物相关专业的师生，以及广大的植物爱好者参考使用。

杨东梅、吴友根

2020年6月29日

前 言 / Preface

　　海南岛位于我国的南部，地处北纬18°10′～20°10′和东经108°37′～111°03′之间，总面积为3.39万km²，是我国的第二大岛，面积仅次于中国台湾。它北隔琼州海峡，与广东徐闻为邻；西临北部湾，与越南隔海相望；东南与南面隔着浩瀚的南海，与菲律宾、文莱、马来西亚等相对。

　　海南岛中部高四周低，三分之二为平原，集中在东部和西部；三分之一为高山区，集中在中部。山脉多数在海拔500～800m，海拔超过1000m的山峰有81座，其中位于海南岛中部的五指山海拔1867.1m，为海南第一高峰。海南岛的土壤主要有砖红壤、山地黄壤、草甸土和冲积土等。

　　海南岛位于印度尼西亚—马来西亚热带区的北缘，地处热带、亚热带，属热带季风气候区。在热带季风及地势的影响下，海南岛东海岸多雨潮湿，西海岸少雨干燥。全岛年平均温度为23～35℃；平均年降水量为1500～2000mm，有明显的雨季和旱季，其中每年5～10月是雨季，降水量约1500mm，占全年总降水量的70%～90%。

　　由于光热资源丰富，雨量充沛，海南岛植物生长繁茂，全岛森林覆盖率逾60%（2011年），是我国岛屿型热带雨林分布面积最大、物种多样性最为丰富的热带区域。

　　本书所指的海南东部城市包括海口、文昌、琼海、万宁、陵水、三亚这6个沿海城市。它们位于海南岛的东海岸，属热带海洋性季风气候，温暖湿润。在这6个城市的公园里、校园内，以及道路旁，自然生长着种类丰富的野生花卉。

　　本书采用《Flora of China》的分类系统，收录了海南东部城市常见的野生花卉200种（含亚种、变种），隶属于63科161属。其中，蕨类植物有13种，已在书中用"*"标出，其余为被子植物。简要介绍了植物的识别特征、生境特点、分布范围、园林用途和药用价值等。书中的形态描述主要参考《中国植物志》和《Flora of China》，园林用途主要参考《中国景观植物》，药用价值主要参考《中国药典（2015版）》和《中华本草》。若同一种植物在《Flora of China》和《中国植物志》中的学名不一致，则以前者的学名为正名，后者的学名为异名。

　　本书所收录野生花卉的照片和文字的编写，主要由杨东梅博士和吴友根教授完成。感谢广东药科大学郑希龙副教授在植物鉴定中给予的帮助，感谢海南大学朱国鹏研究员、于靖博士，以及马长旺、郭芮两位硕士研究生在资料收集、书稿校订中的帮助。本书的出版得到了海南大学教学名师工作室项目（项目编号hdms202013）、海南大学教育教学改革研究项目（项目编号hdjy2060）、2019年海南省基础与应用基础研究计划（自然科学领域）高层次人才项目基金（项目编号2019RC167）、海南省热带园艺作物品质调控重点实验室、海南大学作物学世界一流建设学科建设经费的资助。

作者在编写过程中力求鉴定准确，文字简洁明了。有疏漏之处，望各位读者谅解并提出宝贵建议。

杨东梅、吴友根

2020年6月29日

目 录 / Contents

*瓶尔小草 瓶尔小草科瓶尔小草属

Ophioglossum vulgatum L.

特征 矮小草本。根状茎短而直立，具一簇肉质粗根。叶常单生；总叶柄长6～9cm，深埋土中，下半部灰白色；叶脉网状。营养叶卵状长圆形或狭卵形，长4～6cm，宽1.5～2.4cm，先端钝圆或急尖，基部变狭并稍下延，无柄，微肉质到草质，全缘。孢子叶自营养叶基部生出，一般长9～18cm。孢子穗长2.5～3.5cm，宽约2mm，先端尖。

分布 生于林下或草地。产于长江下游各省，西南地区，台湾、湖北、陕西。欧洲、亚洲、美洲等地广泛分布。

用途 小巧可爱，可盆栽观赏。全草入药，清热凉血、镇痛、解毒，治肺热咳嗽、痈肿疮毒。

瓶尔小草科

*松叶蕨　松叶蕨科松叶蕨属

Psilotum nudum (L.) P. Beauv.

　　特征　草本，附生，高15～51cm。根茎圆柱形，褐色，仅具假根。地上茎直立，无毛或鳞片，绿色，下部不分枝，上部多回二叉分枝；枝三棱形，密生白色气孔。叶为小型叶，散生，二型；不育叶鳞片状三角形，无脉，长2～3mm，宽1.5～2.5mm，先端尖，草质；孢子叶二叉形，长2～3mm，宽约2.5mm。孢子囊单生在孢子叶腋，球形，2瓣纵裂，常3个融合为三角形的聚囊，黄褐色。

　　分布　附生石上或树上。产于我国西南至东南地区。广布于热带和亚热带。

　　用途　可栽植于树上或盆栽观赏。

*海金沙　海金沙科海金沙属

Lygodium japonicum (Thunb.) Sw.

特征　藤本，植株高攀达1～4m。叶二型；羽片多数，纸质，略有短毛，对生于叶轴上的短距两侧；距长达3mm，先端具黄色柔毛覆盖的腋芽；叶脉分离。不育羽片尖三角形，长宽几相等，常10～12cm，二回羽状；羽片2～4对，互生；小羽片2～3对，卵状三角形，互生，掌状三裂；末回裂片短阔，中央一条长2～3cm，宽6～8mm；有浅圆锯齿。能育羽片卵状三角形，长宽几相等，约12～20cm，二回羽状；羽片4～5对，互生，长圆披针形；小羽片3～4对，卵状三角形，羽状深裂。孢子囊穗生叶缘，长2～4mm。

分布　产于华南、华东、西南地区，湖南及陕西。东南亚、日本琉球、斯里兰卡、热带澳洲也有分布。

用途　为少有的藤本蕨类，可用于垂直绿化。孢子入药，清利湿热、通淋止痛，治热淋、石淋、血淋、膏淋、尿道涩痛。

*蘋　苹、田字草　蘋科蘋属
Marsilea quadrifolia L.

特征　矮小草本，植株高5～20cm。根状茎细长横走，分枝，向上发出一至数枚叶。叶柄长5～20cm；叶片由4片倒三角形的小叶组成，呈"十"字形，长宽各1～2.5cm，外缘半圆形，全缘，草质；叶脉从小叶基部放射状分叉，形成狭长网眼，无内藏小脉。孢子果双生或单生于短柄上，长椭圆形，褐色，木质，坚硬；每个孢子果内含多数孢子囊，大小孢子囊同生于孢子囊托上。

分布　生于水田、沟塘、潮湿草地。广布长江以南各省份，北达华北及辽宁，西到新疆。世界温热两带其他地区也有。

用途　小巧可爱，可用于湿地绿化或盆栽观赏。全草入药，清热解毒、利水消肿，治水肿、热淋、疮痈等。

*卤蕨 凤尾蕨科卤蕨属

Acrostichum aureum L.

特征 多年生草本，高达2m。根状茎直立，顶端密被褐棕色鳞片。叶簇生；叶柄基部褐色，被鳞片，向上为枯禾秆色，光滑，在中部以上具刺状凸起；叶片长60～140cm，宽30～60cm，奇数一回羽状，厚革质；羽片多达30对，近对生或互生，长舌状披针形，长15～36cm，宽2～2.5cm，顶端圆而有小突尖，或凹缺且凹缺处有小突尖，基部楔性，全缘，通常上部的羽片较小，能育；叶脉网状，两面可见。孢子囊满布能育羽片下面，无盖。

分布 生于海岸边泥滩或河岸边。产于广东、海南、云南。日本琉球、亚洲其他热带地区、非洲及美洲热带地区也有分布。

用途 植株高大，叶色苍翠，耐盐碱，可用于海岸、河岸绿化。

*剑叶凤尾蕨　凤尾蕨科凤尾蕨属

Pteris ensiformis N. L. Burman

　　特征　草本，高30～50cm。根状茎被黑褐色鳞片。叶二型，草质，无毛；叶柄与叶轴为禾秆色；叶片长圆状卵形，羽状，长10～25cm（不育叶远短于能育叶），宽5～15cm；羽片3～6对，对生；不育叶的下部羽片三角形，常为羽状，小羽片2～3对，对生，长圆状倒卵形至阔披针形，先端钝圆，基部下侧下延，仅上部及先端有尖齿；能育叶的羽片常为2～3叉，中央的分叉最长，顶生羽片基部不下延，下部两对羽片偶为羽状，小羽片2～3对，狭线形，先端渐尖，基部下侧下延，先端不育且有密尖齿；侧脉常分叉。孢子囊群线形，沿叶缘分布；囊群盖为反卷的膜质叶缘。

　　分布　生于林下或溪边潮湿的酸性土壤上。产于华南、华东、西南地区及江西。东南亚以及日本、印度北部、斯里兰卡、波利尼西亚、斐济群岛及澳大利亚也有分布。

　　用途　株形飘逸，可盆栽观赏。全草入药，止痢，治痢疾。

*半边旗　凤尾蕨科凤尾蕨属
Pteris semipinnata L.

凤尾蕨科

特征　草本，高35～80cm。根状茎先端及叶柄基部被褐色鳞片。叶簇生，近一型；叶柄、叶轴为栗红色，光滑；叶片长圆披针形，长15～60cm，宽6～18cm，二回半边深裂；顶生羽片阔披针形至长三角形，篦齿状深羽裂几达叶轴，裂片6～12对，对生，镰刀状阔披针形，基部下侧沿叶轴下延达下一对裂片；侧生羽片4～7对，对生或近对生，半三角形而略呈镰刀状，上侧仅有一条阔翅，宽3～6mm，不分裂或偶在基部有少数短裂片，下侧篦齿状深羽裂几达羽轴，裂片镰刀状披针形，有尖锯齿；侧脉分离。孢子囊群线形，沿叶缘分布；囊群盖为反卷的膜质叶缘。

分布　生于疏林下阴处、溪边或岩石旁的酸性土壤上。产于华南、西南地区以及江西、湖南、福建、台湾。东南亚，日本、印度、斯里兰卡也有分布。

用途　叶形别致，可植于石旁或盆栽观赏。全草或根茎入药，清热利湿、凉血止血、解毒消肿，治痢疾、黄疸、目赤肿痛等。

凤尾蕨科

*蜈蚣草　凤尾蕨科凤尾蕨属
Pteris vittata L.

特征　草本，高30～100cm。根状茎密被蓬松的黄褐色鳞片。叶簇生，薄革质，无毛；柄深禾秆色至浅褐色，幼时密被鳞片；叶片倒披针状长圆形，长20～90cm，宽5～25cm，一回羽状；顶生羽片与侧生羽片同形，侧生羽多可达40对，互生，基部羽片仅为耳形，中部羽片最长，狭线形，先端渐尖，基部浅心脏形，其两侧稍呈耳形，上侧耳片较大并覆盖叶轴；不育的叶缘有密锯齿；叶脉分离。孢子囊群线形，沿叶缘分布；囊群盖为反卷的膜质叶缘。

分布　生于钙质土或石灰岩上，也常生于石隙或墙壁上。广布于我国热带和亚热带地区，可达秦岭南坡。世界其他热带及亚热带地区也广泛分布。

用途　生性强健，可用于荒坡绿化。全草或根茎入药，祛风除湿、舒筋活络、解毒杀虫，治风湿骨疼、跌打损伤、疥疮等。

*毛蕨 金星蕨科毛蕨属
Cyclosorus interruptus (Willd.) H. Itô

特征 草本，高达130cm。根状茎连同叶柄基部偶有鳞片。叶近生，革质，下面沿叶脉疏生柔毛及少数橙红色腺体，沿羽轴疏生鳞片；叶柄几为禾秆色；叶片长约60cm，宽20~25cm，卵状披针形或长圆披针形，具羽裂尾头，基部不变狭，二回羽裂；羽片22~25对，顶生羽片长约5cm，基部宽约1.8cm，三角状披针形，基部阔楔形，羽裂达2/3，侧生中部羽片多互生，近线状披针形，基部楔形，羽裂达1/3；裂片约30对，三角形，尖头；裂片基部一对叶脉先端交结成一个钝三角形网眼。孢子囊群圆形，生于侧脉中部，但下部1~2对侧脉不育；囊群盖淡棕色。

分布 生于山谷溪旁湿处。产于华南地区及江西、福建、台湾。世界热带和亚热带广泛分布。

用途 可用于河岸绿化。

*华南毛蕨 金星蕨科毛蕨属
Cyclosorus parasiticus (L.) Farwell.

特征 草本，高达70cm。根状茎连同叶柄基部有深棕色鳞片。叶近生，草质，两面具毛，下面具橙红色腺体；叶柄深禾秆色；叶片长达35cm，长圆披针形，二回羽裂，先端羽裂，基部不变狭；羽片12～16对，无柄，中部以下的对生，向上的互生，中部羽片长10～11cm，中部宽1.2～1.4cm，披针形，先端长渐尖，基部平截，羽裂达约1/2；裂片20～25对，基部上侧一片特长，长圆形，钝头或急尖头，全缘，裂片基部一对侧脉先端交接成一钝三角形网眼。孢子囊群圆形，生侧脉中部以上；囊群盖棕色，上面密生柔毛。

分布 生于山谷密林下或溪边湿地。产于华南、华东地区及湖南、江西、重庆、云南。南亚、东南亚，日本、韩国也有分布。

用途 可作地被植物。全草入药，祛风除湿，治风湿痹痛。

*长叶肾蕨　肾蕨科肾蕨属

Nephrolepis biserrata (Sw.) Schott

特征　草本。根状茎伏生红棕色披针形鳞片。叶簇生，纸质，无毛；柄长灰褐色或淡褐棕色，基部被鳞片；叶片常长70～80cm，宽14～30cm，狭椭圆形，一回羽状；羽片约35～50对，互生，中部羽片披针形或线状披针形，长9～15cm，宽1～2.5cm，先端急尖或短渐尖，基部近圆形或斜截形，叶缘有疏缺刻或粗钝锯齿；叶脉分离。孢子囊群圆形，生于自叶缘至主脉的1/3处；囊群盖圆肾形，有深缺刻，褐棕色。

分布　生于林下或附生树上。产于海南、广东、台湾、云南。泛热带地区广泛分布。

用途　可栽植于棕榈科树上供观赏。

*瘤蕨 水龙骨科瘤蕨属

Phynatosorus scolopendria (N. L. Burman) Pic. Serm.

特征 草本，附生。根状茎肉质，疏被褐色鳞片。叶远生，近革质，光滑无毛；叶柄禾秆色；叶片常羽状深裂，偶单叶或3裂；裂片常3～5对，披针形，渐尖头，全缘，长12～18cm，宽2～2.5cm；小脉网状。孢子囊群圆形，在裂片中脉两侧各1行或多行，在叶上表面明显凸起。

分布 生于石上或附生树干上。产于海南、广东、台湾。东南亚，以及日本、印度、斯里兰卡，新几内亚岛、澳大利亚、非洲和波利尼西亚也有分布。

用途 可栽植于假山、棕榈科树上供观赏。

*贴生石韦　水龙骨科石韦属
Pyrrosia adnascens (Sw.) Ching

特征　草本，附生，高5～12cm。根状茎细长，密生棕色披针形鳞片。叶远生，二型，肉质；叶脉网状，具内藏小脉。不育叶柄长1～1.5cm，淡黄色；叶片倒卵状椭圆形或椭圆形，长2～4cm，宽8～10mm，两面被星状毛。能育叶条状至狭被针形，长8～15cm，宽5～8mm，全缘。孢子囊群着生于内藏小脉顶端，聚生于能育叶片中部以上，成熟后扩散，砖红色，无囊群盖，幼时被星状毛覆盖。

分布　附生树干或山石上。产于华南地区及福建、台湾和云南。亚洲热带其他地区也有分布。

用途　可栽植于假山上。全草入药，清热解毒，治腮腺炎、瘰疬。

无根藤 樟科无根藤属
Cassytha filiformis L.

特征 寄生、缠绕藤本，靠盘状吸根吸附寄主植物上攀援生长。茎幼时被锈色短柔毛，老时无毛。叶鳞片状。穗状花序长2～5cm，密被锈色短柔毛；苞片和小苞片微小，宽卵圆形；花小，白色，长不及2mm，无梗；花被片6枚；能育雄蕊9枚，第1轮雄蕊花丝近花瓣状，其余花丝线形；子房卵珠形，几无毛，花柱短，略具棱，柱头小，头状。果小，卵球形，包藏于花后增大的肉质果托内，但彼此分离，顶端有宿存的花被片。花果期5～12月。

分布 生于山坡灌木丛或疏林中。产于华南、华中、华东、西南地区。热带亚洲、非洲和澳大利亚也有分布。

用途 色彩亮丽，藤姿优美，可作景观植物。全草入药用，化湿消肿、通淋利尿，治肾炎水肿、尿路结石、尿路感染、跌打疖肿及湿疹。

粪箕笃 防己科千金藤属
Stephania longa Lour.

　　特征　草质藤本。除花序外全株无毛。单叶互生，纸质；叶柄盾状着生于叶片的近基部；叶片三角状卵形，长3～9cm，宽2～6cm；掌状脉10～11条。花单性，雌雄异株；复伞形聚伞花序腋生；雄花具2轮萼片，萼片楔形或倒卵形，花瓣4枚，绿黄色，近圆形；雌花的萼片和花瓣均4枚。核果红色，长5～6mm。花期春末夏初，果期秋季。

　　分布　产于华南、福建、台湾、云南。越南也有分布。

　　用途　适合作矮篱或围篱等的垂直绿化。根、根茎或全株入药，清热解毒、利湿消肿、祛风活络，治泻痢、小便淋涩、水肿、风湿等。

假蒟 假蒌 胡椒科胡椒属

Piper sarmentosum Roxb.

　　特征　多年生草质藤本。茎匍匐、逐节生根；小枝近直立，无毛或幼时被极细的粉状短柔毛。叶片近膜质，有细腺点，近圆形、卵形或卵状披针形，长7～14cm，宽6～13cm，先端短尖，基部浅心形、圆、截平或稀有渐狭；叶脉7条；叶鞘长约为叶柄之半。花单性，雌雄异株，聚集成与叶对生的穗状花序；雄花苞片扁圆形，近无柄，盾状；雌花苞片近圆形，盾状；柱头4枚，被微柔毛。浆果近球形，具4角棱，无毛，基部嵌生于花序轴中并与其合生。花期4～11月。

　　分布　生于林下或村旁湿地上。产于华南、西南地区及福建。东南亚及巴布亚新几内亚也有分布。

　　用途　可用作疏林下或林边的地被绿化或盆栽观赏。全草或茎、叶均可入药，祛风散寒、行气止痛、活络消肿，治风寒咳喘、风湿痹痛、跌打损伤等。

臭矢菜　黄花草　白花菜科黄花草属

Arivela viscosa (L.) Raf.

Cleome viscosa L.

特征　一年生草本，高达1m。全株密被黏质腺毛与淡黄色柔毛，有臭味。掌状复叶互生，薄革质；小叶3～7枚，近无柄，倒披针状椭圆形，中央小叶最大，长1～5cm，宽5～15mm，全缘但边缘有腺纤毛；无托叶。花单生叶腋，近顶端的组成总状或伞房状花序；萼片分离，近椭圆形；花瓣淡黄色或橘黄色，有数条纵脉纹，倒卵形或匙形；雄蕊10枚以上。蒴果圆柱形，密被腺毛。无明显的花果期。

分布　常生于干燥气候条件下的荒地、路旁及田野间。产于华南、华东地区，湖南、江西及云南。世界其他热带与亚热带地区也有分布。

用途　叶形可爱，花色美丽，可植于路边、岩石旁，也可盆栽。种子可供药用；广东、海南有用鲜叶捣汁加水（或加乳汁）以治眼病。

皱子白花菜 印度白花菜 白花菜科白花菜属

Cleome rutidosperma Candolle

特征 一年生草本，高达90cm。茎、叶柄及叶背脉上疏被无腺疏长柔毛，偶近无毛。掌状复叶互生；小叶3枚，常椭圆状披针形，基部渐狭或楔形，几无小叶柄，具细齿；中央小叶最大，长1～2.5cm，宽5～12mm；侧生小叶较小，两侧不对称。花单生于叶腋内；花梗纤细，果时伸长至3cm；萼片4枚，绿色，分离，狭披针形；花瓣4枚，紫色，近倒披针状椭圆形；雄蕊6枚。蒴果。花果期6～9月。

分布 原产于热带西非洲。华南地区及台湾、云南有分布。世界其他热带地区也有分布。

用途 叶形可爱，花色高雅，可丛植或片植于庭园或草地边，或盆栽观赏。

碎米荠　十字花科碎米荠属
Cardamine hirsuta L.

特征　一年生小草本。茎直立或斜升，下部有时淡紫色，被较密柔毛，上部毛渐少。基生叶具叶柄，有小叶2～5对，顶生小叶肾形或肾圆形，边缘有3～5圆齿，小叶柄明显，侧生小叶卵形或圆形；茎生叶具短柄，有小叶3～6对；全部小叶两面稍有毛。总状花序生于枝顶，花小，直径约3mm，花梗纤细；萼片绿色或淡紫色，长椭圆形，长约2mm，边缘膜质，外面有疏毛；花瓣白色，倒卵形，长3～5mm，顶端钝，向基部渐狭；花丝稍扩大；雌蕊柱状，花柱极短，柱头扁球形。长角果线形，稍扁，无毛，长达30mm；果梗纤细，直立开展。种子椭圆形，顶端有的具明显的翅。花期2～4月，果期4～6月。

分布　生于海拔1000m以下的山坡、路旁、荒地及耕地的草丛中。广布于全国。全球温带地区均有分布。

用途　全草可作野菜食用，也供药用，能清热祛湿。

北美独行菜　十字花科独行菜属
Lepidium virginicum L.

特征　一年生或二年生草本，高20～50cm。茎直立。叶互生；基生叶倒卵形，长1～5cm，羽状分裂，具锯齿，叶柄长1～1.5cm；茎生叶具短叶柄，叶片倒披针形的或线形，具尖锯齿或全缘。总状花序顶生；萼片长圆形；花瓣白色，匙形；雄蕊2或4枚。短角果近圆形；种子卵形，红棕色，具窄翅。花期4～5月，果期6～7月。

分布　生于田野、路旁及废弃的地方。原产于北美洲。现为欧洲及亚洲的归化种。

用途　全草可作牧草。种子可入药，利水平喘。

荷莲豆草　石竹科荷莲豆草属

Drymaria cordata (L.) Willd. ex Schult.

Drymaria diandra Bl.

特征　一年生草本。茎匍匐，丛生，纤细，无毛，基部分枝，节常生不定根。叶片卵状心形，顶端凸尖，具3～5基出脉；叶柄短；托叶数片，小型，白色，刚毛状。聚伞花序顶生；苞片针状披针形，边缘膜质；花梗细弱，被白色腺毛；萼片披针状卵形，草质，边缘膜质，具3条脉，被腺柔毛；花瓣白色，倒卵状楔形，顶端2深裂；雄蕊稍短于萼片，花丝基部渐宽，花药黄色，圆形，2室；子房卵圆形；花柱3枚，基部合生。蒴果卵形，长2.5mm，宽1.3mm，3瓣裂。种子近圆形，表面具小疣。花期4～10月，果期6～12月。

分布　生于山谷、杂木林缘。产于华南、华中、华东地区。东亚、南亚和非洲南部也有分布。

用途　地被植物。全草入药，有消炎、清热、解毒之效。

粟米草 粟米草科粟米草属

Mollugo stricta L.

特征 铺散一年生草本，高10～30cm。茎纤细，多分枝。叶3～5片，假轮生或对生；叶片披针形或线状披针形，长1.5～4cm，宽2～7mm，顶端急尖或长渐尖，全缘；叶柄极短。花数朵簇生；花小，花被片5枚，淡绿色，椭圆形或近圆形，雄蕊通常3枚，花丝基部稍宽；子房宽椭圆形或近圆形，3室，花柱3枚，短，线形。蒴果近球形，3瓣裂。种子多数，肾形，栗色，具多数颗粒状凸起。花期6～8月，果期8～10月。

分布 生于空旷荒地、农田和海岸沙地。产于秦岭、黄河以南地区及东南至西南各地。广布于热带和亚热带地区。

用途 适合用于荒地、道路等的绿化。全草可供药用，有清热解毒的功效，治腹痛泄泻、皮肤热疹、火眼及蛇伤。

海马齿　番杏科海马齿属
Sesuvium portulacastrum (L.) L.

　　特征　多年生肉质草本。茎平卧或匍匐。单叶对生，肉质；叶片线状倒披针形或线形，长1.5～5cm，顶端钝，中部以下渐狭成短柄状，边缘膜质，抱茎。花单生叶腋；花被裂5枚，内面红色，外面绿色。蒴果卵形；种子小，亮黑色。花期4～7月。

　　分布　生于沙滩。产于广东、海南、福建、台湾及东沙岛。世界其他热带及亚热带海滨也有分布。

　　用途　茎叶肥厚多肉，能净化水质，可用于海岸绿化或盆栽观赏。

番杏科

马齿苋　马齿苋科马齿苋属
Portulaca oleracea L.

马齿苋科

特征　一年生草本，全株无毛。茎伏地铺散，多分枝，圆柱形，淡绿色或带暗红色。叶互生；叶片扁平，肥厚，倒卵形，似马齿状，长1～3cm，上面暗绿色，下面淡绿色或带暗红色；叶柄粗短。花直径约5mm，常3～5朵簇生枝端，午时盛开；苞片2～6枚，叶状，膜质，近轮生；萼片2枚，对生，绿色；花瓣黄色，倒卵形，长3～5mm，顶端微凹，基部合生；子房无毛，花柱比雄蕊稍长，柱头4～6裂，线形。蒴果卵球形。花期5～8月，果期6～9月。

分布　生于菜园、农田、路旁，为田间常见杂草。我国南北各地均产。广布全世界温带和热带地区。

用途　茎匍匐性，是良好的地被植物。嫩茎叶可作蔬菜，味酸，也是很好的饲料。全草供药用，有清热利湿、解毒消肿、消炎、止渴、利尿的作用。

棱轴土人参　马齿苋科土人参属

Talinum fruticosum (L.) Juss.

　　特征　多年生草本植物，高30~100cm。茎直立，稍肉质。叶片狭卵形，几无柄，中肋下陷，肉质，全缘。总状花序；花瓣5枚，桃红色；雄蕊多数；柱头3裂。蒴果。

　　分布　多见于潮湿的荒地、路旁及田野间。我国南方各地均产。主要分布于美洲热带地区。

　　用途　叶形可爱，花色美丽，可盆栽当花卉观赏。也可作热带地区的绿叶蔬菜。根有健脾润肺、止咳调经之功效；全草有治糖尿病、尿毒、醒脑等功效。

马齿苋科

火炭母 <small>蓼科蓼属</small>
Polygonum chinense L.

　　特征　多年生草本，高70～100cm。根状茎粗壮、直立，无毛，多分枝。叶片卵形或长卵形，长4～10cm，宽2～4cm，叶基平或心形，全缘，两面无毛。花小，白色至淡红色，头状花序数个成圆锥状，顶生或腋生，花序梗被腺毛；苞片宽卵形，每苞内具1～3花；花被5深裂，白色或淡红色，裂片卵形；雄蕊8枚；花柱3枚。瘦果宽卵形，具3棱，长3～4mm，黑色，无光泽，包于宿存的花被，果实秋冬季节成熟，熟后浅蓝色，半透明，汁多。花期7～9月，果期8～10月。

　　分布　生于山谷湿地、山坡草地。产于华南、华中、华东、西南地区。东南亚、东亚、喜马拉雅山也有分布。

　　用途　株形优美，花色素雅，叶至秋冬季节稍变红，适合作庭园美化、地被绿化或盆栽观赏。根状茎供药用，清热解毒、散瘀消肿。

红蓼　蓼科蓼属
Polygonum orientale L.

特征　一年生草本，高1～2m。茎直立，粗壮，密被长柔毛。叶互生；叶片宽卵形、宽椭圆形或卵状披针形，长10～20cm，宽5～12cm，顶端渐尖，基部圆形或近心形，全缘，两面密生柔毛；叶柄长2～10cm，具长柔毛；托叶鞘筒状，膜质，长1～2cm，被毛，常沿顶端具绿色的翅。总状花序穗状，顶生或腋生，长3～7cm，稍下垂；苞片宽漏斗状，长3～5mm，绿色，每苞内具3～5花；花被5深裂，淡红色或白色，花被片椭圆形，长3～4mm；雄蕊7枚；花柱2枚，中下部合生。瘦果近圆形，双凹，黑褐色，藏于宿存花被内。花期6～9月，果期8～10月。

分布　生于沟边、湿润的草地。除西藏外，产于全国各地。朝鲜、日本、俄罗斯、菲律宾、印度、欧洲和大洋洲也有分布。

用途　可作观花植物栽培。果实入药，有活血、止痛、消积、利尿的功效。

蓼科

小藜　藜科藜属

Chenopodium ficifolium Smith

Chenopodium serotinum L.

　　特征　一年生草本，高20～50cm。茎直立，具条棱及绿色色条。叶片卵状矩圆形，长2.5～5cm，宽1～3.5cm，常3裂，边缘具深波状锯齿。花两性，顶生圆锥花序；花被近球形，5深裂，裂片宽卵形；雄蕊5枚，花开时外展；柱头2枚，线形。胞果包在花被内，果皮与种子贴生。种子呈双凸镜状，黑色，有光泽，表面具六角形细洼。花期4～5月，果期5～6月。

　　分布　生于湿润荒地、道旁、垃圾堆处。产于我国除西藏外的各省份。

　　用途　可作地被植物，也可用于边坡绿化。全草入药，祛湿解毒、解热、缓泻，治中毒、疥癣、痔疾、便秘等。

土荆芥　藜科刺藜属

Dysphania ambrosioides (L.) Mosyakin et Clemants

Chenopodium ambrosioide L.

特征　一年生或多年生草本，高50～80cm，有强烈香味。茎直立，多分枝，有钝条棱，常具毛，偶近无毛。叶互生；叶片矩圆状披针形至披针形，先端急尖或渐尖，边缘具稀疏的大锯齿，基部渐狭具短柄，下部的叶长达15cm，宽达5cm，上部叶逐渐狭小而近全缘。花两性及雌性，常3～5个生于上部叶腋；花被裂片5枚，偶3枚，绿色；雄蕊5枚；花柱不明显，柱头3～4枚，丝形。胞果扁球形，完全包于花被内。种子黑色或暗红色。花果期几乎全年。

分布　生于路边、河岸。原产于热带美洲。产于华南、华东地区及江西、湖南、四川。世界温带至热带地区广泛分布。

用途　全草入药，治蛔虫病、钩虫病、蛲虫病，外用治皮肤湿疹。

藜科

土牛膝　倒钩草　苋科牛膝属
Achyranthes aspera L.

特征　多年生草本，高20～120cm。茎四棱形，有柔毛，节稍膨大，分枝对生。叶片纸质，宽卵状倒卵形或椭圆状长圆形，长1.5～7cm，宽0.4～4cm，顶端圆钝，基部楔形或圆形，全缘或波状缘，两面密生柔毛；叶柄长5～15mm。穗状花序顶生，直立，长10～30cm，花后反折；总花梗具棱角，粗壮，坚硬，密生白色伏贴或开展柔毛；花长3～4mm，疏生；苞片披针形，长3～4mm，顶端长渐尖，小苞片刺状，长2.5～4.5mm，坚硬，光亮。胞果卵形，长2.5～3mm。种子卵形，不扁压。花期6～8月，果期约10月。

分布　生于山坡疏林或村庄附近空旷地。产于华南、华中、西南、华东地区。亚洲西南部至东南部也有分布。

用途　生长旺盛，适合用于花坛布置或盆栽观赏。根药用，清热解毒、利尿、主治感冒发热、扁桃体炎、白喉、流行性腮腺炎、泌尿系结石、肾炎水肿等症。

喜旱莲子草　空心莲子草　苋科莲子草属

Alternanthera philoxeroides (C. Mart.) Griseb.

特征　多年生草本。茎基部匍匐，上部上升，管状，不明显4棱，多分枝，中空，幼茎及叶腋有白色或锈色柔毛，茎老时无毛，仅在两侧纵沟内保留。叶对生；叶片椭圆形或倒卵状披针形，长2～7cm，基部渐狭，全缘，下面有颗粒状突起。花密生，头状花序腋生，球形；苞片及小苞片白色，顶端渐尖，具1脉；苞片卵形，长2～2.5mm，小苞片披针形，长2mm；花被片矩圆形，长5～6mm，白色，光亮，无毛。果实未见。花期5～10月。

分布　生于池沼、水沟内。原产于巴西。我国南方有栽培，后逸为野生。

用途　可作地被植物。全草入药，有清热利水、凉血解毒的作用。可作饲料。

苋科

皱果苋 野苋、绿苋 苋科苋属
Amaranthus viridis L.

特征 一年生草本，高40～80cm，全体无毛。茎直立，有不明显棱角，稍有分枝，绿色或带紫色。叶片卵形或卵状椭圆形，长3～9cm，顶端尖凹或凹缺，有2芒尖，全缘或微呈波状缘；叶柄长3～6cm，绿色或带紫红色。圆锥花序顶生，长6～12cm，由穗状花序组成，圆柱形，细长，直立。胞果扁球形，绿色，不裂，极皱缩，超出花被片。种子近球形，黑色或黑褐色，具薄且锐的环状边缘。花期6～8月，果期8～10月。

分布 生于田园、农地旁或荒野草地上。产于华南、华东、华北、西北、东北地区。原产于热带非洲，现广泛分布于温带和热带地区。

用途 适合丛植或片植于庭院空旷地上。嫩茎叶可作野菜食用，也可作饲料。全草入药，有清热解毒、利尿止痛的功效。

青葙 苋科青葙属
Celosia argentea L.

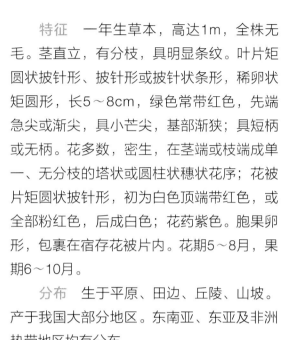

特征 一年生草本，高达1m，全株无毛。茎直立，有分枝，具明显条纹。叶片矩圆状披针形、披针形或披针状条形，稀卵状矩圆形，长5～8cm，绿色常带红色，先端急尖或渐尖，具小芒尖，基部渐狭；具短柄或无柄。花多数，密生，在茎端或枝端成单一、无分枝的塔状或圆柱状穗状花序；花被片矩圆状披针形，初为白色顶端带红色，或全部粉红色，后成白色；花药紫色。胞果卵形，包裹在宿存花被片内。花期5～8月，果期6～10月。

分布 生于平原、田边、丘陵、山坡。产于我国大部分地区。东南亚、东亚及非洲热带地区均有分布。

用途 株形秀美，花色艳丽，可列植或丛植于草地边缘，也可作盆栽或用于花坛布置。种子供药用，有清热明目的作用。嫩茎叶浸去苦味后，可作野菜食用。全植物可作饲料。

苋科

银花苋 苋科千日红属
Gomphrena celosioides C. Mart.

特征 直立或披散草本，高10～20cm。茎被贴生白色长柔毛。叶对生；叶片长椭圆形，全缘。穗状花序顶生，小花淡白色，多数聚生成球形或圆柱状；无总花梗；苞片宽三角形，小苞片白色；萼片外面被白色长柔毛，花后外侧2片脆革质，内侧薄革质；雄蕊管先端5裂，具缺口；花柱极短，柱头2裂。胞果梨形，果皮薄膜质。花果期2～6月。

分布 生在路旁草地。产于华南地区。原产于美洲热带地区，现分布世界各热带地区。

用途 花姿清雅，适合用于花坛美化、盆栽观赏，也可作地被植物。全草入药，清热利湿、凉血止血，治湿热、腹痛、痢疾、出血症、便血、痔血。

落葵　落葵科落葵属
Basella alba L.

落　葵　科

特征　一年生缠绕草本。茎长可达数米，无毛，肉质，绿色或略带紫红色。叶片卵形或近圆形，长3～9cm，全缘，稍下延；叶柄长1～3cm，上有凹槽。穗状花序腋生；苞片极小，早落；花被片淡红色或淡紫色，下部白色，连合成筒；花丝短，白色，花药淡黄色，柱头椭圆形。果实球形，直径5～6mm，红色至深红色或黑色，多汁液。花期5～9月，果期7～10月。

分布　生于温暖湿润至冷凉环境。我国南北各地均有栽培，南方有逸为野生的。原产于亚洲热带地区。

用途　可吊盆栽植观赏。叶含有多种维生素和钙、铁，栽培作蔬菜。全草入药，为缓泻剂，有滑肠、散热、利大小便的功效；花汁有清血解毒作用，能解痘毒，外敷治痈毒及乳头破裂。

酢浆草　酢浆草科酢浆草属
Oxalis corniculata L.

特征　多年生草本，全株疏被柔毛。茎匍匐或斜升，多分枝。叶互生，掌状复叶，3小叶，小叶倒心形；无柄；全缘。花黄色，1至数朵组成腋生伞形花序，长2～3cm；花瓣5片，倒卵形，比萼片长。蒴果近圆柱形，长1～2cm，具5棱，被短柔毛。花果期几乎全年。

分布　生于山坡草地、河谷沿岸、路边、田边、荒地或林下阴湿处等。产于全国南北各地。全世界热带至温带地区均有分布。

用途　主要用于盆栽观赏，或用于花坛镶边。全草入药，有解热利尿、消肿散淤之功效。

红花酢浆草 酢浆草科酢浆草属
Oxalis corymbosa Candolle

特征 多年生直立草本。具球状鳞茎。叶基生，小叶3枚，扁圆，倒心形；托叶长圆形，与叶柄基部合生。花钟形，红紫色；花梗长0.5～2.5cm，花梗具披针形干膜质苞片2枚；萼片5枚，披针形，长4～7mm，顶端具暗红色小腺体2枚；花瓣5枚，倒心形，长1.5～2cm，淡紫色或紫红色；雄蕊10枚，5枚超出花柱，另5枚达子房中部，花丝被长柔毛；子房5室，花柱5枚，被锈色长柔毛。花果期几乎全年。

分布 生于低海拔山地、路边、荒地和水田中。原产于南美洲地区，我国南方各地已逸为野生，热带地区多有栽培。

用途 花玲珑可爱，叶色嫩绿，可供观赏。全草入药，治跌打损伤、赤白痢、止血。

酢浆草科

香膏萼距花 香膏菜 千屈菜科萼距花属
Cuphea balsamona Cham. et Schlecht.

特征 一年生纤细草本，高达50cm。幼枝被短硬毛，后变无毛而稍粗糙。叶对生，薄革质；叶片披针形或狭椭圆形，长1～5cm，宽5～20mm，顶端渐尖，基部渐狭或下延成柄，两面粗糙，幼时被粗伏毛，后变无毛。花单生于枝顶或分枝的叶腋；花萼长3.5～4mm；花瓣6枚，等大，蓝紫色或紫色；雄蕊内藏，常11枚，两轮，花丝基部有柔毛；子房矩圆形；花柱短，不伸出萼管外，胚珠多数。蒴果。种子数枚。花期11月至翌年4月。

分布 生于中海拔、高温高湿、土壤肥沃的地方。原产于巴西、墨西哥等地，广东、海南有栽培或逸为野生。

用途 枝繁叶茂，叶色浓绿，四季常青且有光泽，花美丽且周年开花不断，可用于花坛、花境的绿化，也可盆栽。

无瓣海桑　千屈菜科海桑属
Sonneratia apetala Buchanan-Hamilton

特征　乔木，高15～20m。主干圆柱形，有笋状呼吸根伸出水面；茎干灰色，小枝纤细下垂，有隆起的节。叶对生，厚革质；叶片椭圆形至长椭圆形；叶柄淡绿色至粉红色。总状花序；花蕾卵形，花萼三角形，绿色；花瓣缺；雄蕊多数，花丝白色；柱头蘑菇状。浆果球形。种子"V"形，每果含种子约50枚。花期5～6月，果期10～11月。

分布　适生于淤泥深厚、松软且肥沃的中低潮滩壤土上。原产于马来西亚、印度、孟加拉国、斯里兰卡等国，我国华南沿海红树林有引种。

用途　海岸红树林造林的优良树种。果实和树皮可入药，治哮喘、溃疡、肿胀、扭伤和出血等症。

水龙 柳叶菜科丁香蓼属
Ludwigia adscendens (L.) Hara

特征 多年生浮水或上升草本。浮水茎节上簇生海绵状贮气的根状浮器，具多数须状根；浮水茎长可达3m，直立茎高60cm；生于旱生环境枝上被柔毛。叶片倒卵形、椭圆形或倒卵状披针形，长3～6.5cm，宽1～3cm，先端钝圆，基部狭楔形；侧脉6～12对。花单生于上部叶腋；花瓣乳白色，基部淡黄色，倒卵形，长8～14mm，宽5～9mm，先端圆形。蒴果淡褐色，圆柱状，具10条纵棱，长2～3cm，果皮薄，不规则开裂。花期5～8月，果期8～11月。

分布 生于水田、浅水塘。产于华南、华中、西南地区。东南亚、东亚及澳大利亚也有分布。

用途 用于水边和浅水区绿化，供观赏。全草入药，清热解毒、利尿消肿，治蛇咬伤。也可作猪饲料。

草龙　柳叶菜科丁香蓼属

Ludwigia hyssopifolia (G. Don) Exell

特　征　一年生直立草本。茎高60～200cm，粗5～20mm，基部木质化，3～4菱形，多分枝，幼枝及花序被微柔毛。叶片披针形至线形，长2～10cm，宽0.5～1.5cm，先端渐狭，基部狭楔形，侧脉9～16对。花腋生，花瓣黄色，倒卵形或近椭圆形；花盘稍隆起，围绕雄蕊基部有密腺；花柱淡黄绿色；柱头头状，顶端略凹，上部接受花粉。蒴果近圆柱状，长1～2.5cm，直径1.5～2mm，被微柔毛，果皮薄。花果期几乎全年。

分　布　生于田边、水沟、河滩、塘边、湿草地等湿润向阳处。产于华南、西南地区。分布于东南亚、东亚及澳大利亚北部，西达非洲热带地区。

用　途　花色黄，管理容易，但由于其生命力强，所以可用于园林绿化。全草入药，有清热解毒、去腐生肌之效，可治感冒、咽喉肿痛、疮疥等。

细花丁香蓼　柳叶菜科丁香蓼属

Ludwigia perennis L.

特征　一年生直立草本，高达80cm。茎常分枝，幼茎枝被微柔毛或近无毛。叶片椭圆状或卵状披针形，稀线形，先端渐窄或长渐尖，基部窄楔形。萼片4枚，卵状三角形，长2～3mm；花瓣黄色，椭圆形或倒卵状长圆形，长1.4～2.5mm，雄蕊与萼片同数，稀更多；花药宽椭圆状，具四合花粉；花柱与花丝近等长，柱头近头状，顶端微凹；花盘果时革质。蒴果圆柱状，果壁薄，带紫红色，后淡褐色，顶端平截，成熟时不规则室背开裂。花期4～6月，果期7～8月。

分布　生于池塘、水田湿地。产于华南、华东和西南地区。亚洲热带、亚热带地区，非洲，澳大利亚热带地区也有分布。

用途　水生植物，可装点水生园地。全草入药，清热解毒、杀虫止痒，治咽喉肿痛、口舌生疮、乳痈、疮肿、肛门瘙痒。

黄细心　紫茉莉科黄细心属

Boerhavia diffusa L.

特征　多年生草本，高1～2m。根肉质。茎披散。叶对生；叶片卵形，长0.5～5cm，宽0.5～3cm，顶端钝，基部钝、楔形或心形，边缘微波状。花排成聚伞圆锥花序，长0.5～7cm，白色、红色或紫色；花序梗纤细，疏被柔毛；苞片披针形，被柔毛；花被淡红色或紫色，长2.5～3mm，花被筒上部钟形，长1.5～2mm，微透明，疏被柔毛，具5肋，顶端皱褶；花柱伸长，柱头浅帽状。瘦果棒状。花果期夏秋季。

分布　生于沿海旷地或干热河谷。产于华南、西南地区。印度、马来西亚、澳大利亚也有分布。

用途　花色鲜艳，群植、盆栽均可。根烤熟可食，有甜味，甚滋补。叶有利尿、催吐、祛痰之效，可治气喘、黄疸病。马来西亚作导泻药、驱虫药和退热药。

龙珠果　西番莲科西番莲属

Passiflora foetida L.

　　特征　草质藤本，有臭味。茎具条纹并密被平展的长绒毛。叶膜质；叶片表面被丝状伏毛，并混生少量腺毛，背面被毛且其上有较多小腺体，先端3浅裂，基部心形，边缘呈不规则波状；叶脉羽状，侧脉4～5对，网脉横出。聚伞花序退化仅存1花，与卷须对生；苞片3枚，裂片丝状，顶端具腺毛；萼片5枚；花瓣5枚，白色或淡紫色花，中央有一轮紫红色的条纹；雄蕊5枚，花丝基部合生，扁平；子房椭圆球形，花柱3～4枚，柱头头状。浆果卵圆球形，直径2～3cm，无毛，成熟时黄色。花期7～8月，果期翌年4～5月。

　　分布　生于草坡路边。产于华南、西南地区。原产于西印度群岛，现为泛热带杂草。

　　用途　花奇特美丽，可用于热带地区的石山造景和棚架绿化。广东兽医用果治猪、牛的肺部疾病，叶外敷治痈疮。

马㼎儿 老鼠拉冬瓜 葫芦科马㼎儿属

Zehneria japonica (Thunb.) H. Y. Liu

Zehneria indica (Lour.) Keraudren

特征 攀援或平卧草本。茎、枝纤细，疏散，有棱沟，无毛。叶片膜质，三角状卵形、卵状心形或戟形，顶端急尖或稀短渐尖，基部弯缺半圆形，边缘微波状或有疏齿。雌雄同株。雄花单生或稀2～3朵生于短的总状花序上；花萼宽钟形；花冠白色、淡黄色；雄蕊3枚，生于花萼筒基部。雌花在与雄花同一叶腋内单生或稀双生；花冠阔钟形；花柱短，柱头3裂，退化雄蕊腺体状。果实长圆形或狭卵形，成熟后白色。种子灰白色，卵形。花期4～7月，果期7～10月。

分布 常生于路旁、田边及灌丛中。产于华南、华中、华东和西南地区。东南亚及日本、朝鲜等也有栽培。

用途 全草或块根药用，清热解毒、消肿散结，治痈疮疔肿、痰核瘰疬、咽喉肿痛。

葫芦科

拉关木　使君子科对叶榄李属

Laguncularia racemosa C. F. Gaertn.

特征　乔木，高8～10m。树干圆柱形，有指状呼吸根，茎干灰绿色。单叶对生；叶片全缘，厚革质，长椭圆形，先端钝或有凹陷，长6～12cm，宽1.5～5.5cm；叶柄正面红色，背面绿色。总状花序腋生，每花序有小花18～53朵；隐胎生果卵形或倒卵形，长2～2.5cm，果皮多有隆起的脊棱，灰绿色，成熟时黄色。花期为2～9月，其中盛花期在4月下旬至5月，7～9月仅偶有少量花；果实成熟期为7～11月，其中，大熟期为8～9月中旬，10～11月有少量果实成熟。

分布　生于热带海潮滩涂环境。从墨西哥拉巴斯市引入中国海南东寨港自然保护区，并成功培育大量苗木引入广东、福建等地。美洲东岸和非洲西部的沿海滩涂有分布。

用途　适应较高的海水盐度，抗逆性较好，可用于沿海生态景观林带种植。

海莲　红树科木榄属
Bruguiera sexangula (Lour.) Poir.

特征　乔木或灌木，高1～4m，有时达8m。基部常有板状支柱根。树皮平滑，灰色。叶片长圆形或倒披针形，长7～11cm，宽3～4.5cm，两端渐尖，有时基部阔楔形；中脉橄榄黄色，侧脉上面明显，下面不明显。花单生于花梗上；花萼鲜红色，有光泽，萼管有明显的纵棱，常短于裂片；花瓣金黄色，被长毛，2裂，裂片顶端钝形，向外反卷，无短刺毛；雄蕊长7～12mm；花柱红黄色，有3～4条纵棱，长12～16mm，柱头3～4裂。花果期秋冬季至翌年春季。

分布　生于滨海泥滩或潮水到达的沼泽地。产于海南、广东。在东南亚、斯里兰卡也有栽培。

用途　良好的海岸防风、防浪植物。材质坚硬，色红，很少作土工木料，多用作燃料。果实和叶片入药，收敛止泻、解毒截疟，治久泻肠滑、疟疾等。

红树科

秋茄树　红树科秋茄树属

Kandelia obovata Sheue et al.

Kandelia candel (L.) Druce

　　特征　灌木或小乔木，高2～3m。树皮平滑，红褐色；枝粗壮，有膨大的节。在海浪较大的地方，支柱根特别发达。叶片椭圆形、矩圆状椭圆形或近倒卵形，顶端钝形或浑圆，基部阔楔形，全缘；叶柄粗壮，长1～1.5cm，叶脉不明显；二歧聚伞花序，有花4～9朵；总花梗长短不一；花萼裂片革质，短尖，开花后外反；花瓣白色，膜质，短于花萼裂片；雄蕊无定数，长短不一，长6～12mm；花柱丝状，与雄蕊等长。果圆锥状，于冬季成熟。花果期几乎全年。

　　分布　生于浅海和河流出口冲积带的盐滩。产于华南、华东地区。东南亚、日本等国也有分布。

　　用途　良好的防风、防浪护堤海岸防护林树种。材质坚重，耐腐，可作车轴、把柄等小件用材。

红海兰　红树科红树属

Rhizophora stylosa Griff.

　　特征　乔木或灌木。树干红色或灰色，基部有发达的支柱根。叶片椭圆形或矩圆状椭圆形，长6.5～11cm，宽3～5.5cm，顶端凸尖或微钝，基部阔楔形；叶柄粗壮，长2～3cm；托叶长4～6cm。总花梗从当年生的叶腋长出，与叶柄等长或稍长，有花2至多朵；花具短梗，基部有合生的小苞片；花萼裂片淡黄色；花瓣边缘密被白色长毛；雄蕊8枚，4枚瓣上着生，4枚萼上着生。成熟的果实倒梨形，平滑，顶端收窄。花果期秋冬季。

　　分布　生于海边潮水涨落的污泥滩上。产于广东、广西、台湾。东南亚、新西兰及澳大利亚北部也有分布。

　　用途　典型的红树林植物，是良好的海岸防风、防浪植物。树皮含单宁17%～22%，可作染料。

红
树
科

地耳草　藤黄科金丝桃属
Hypericum japonicum Thunb.

　　特征　一年生纤细草本，高10～45cm。茎直立至外倾或平卧，常四棱形。叶小，无柄；叶片卵形或卵状披针形，长2～18mm，宽1～10mm，顶端钝，基部稍呈心形，边缘全缘，坚纸质，上面绿色，下面淡绿色。聚伞花序着生于枝端，花黄色，直径4～8mm；花丝丝状，基部合生，花药近圆形；子房1室，花柱离生。蒴果椭圆形，长2.5～6mm，无腺纹，成熟时3瓣裂。花期3～8月，果期6～10月。

　　分布　生于田边、沟边、草地以及撂荒地上。产于辽宁、山东至长江以南各地。日本至亚洲南部和东南部、澳大利亚、新西兰和夏威夷也有分布。

　　用途　株形娇小，花色亮丽，宜盆栽或栽植于草坪。全草入药，清热解毒、止血消肿，治肝炎、跌打损伤以及疮毒。

文定果 椴树科文定果属

Muntingia calabura L.

特征 常绿小乔木，高可达6m。树皮光滑较薄，灰褐色，侧枝呈水平开展，小枝被短腺毛。叶片纸质，长椭圆状卵形，先端尖，基部歪心形，具3～5主脉，叶缘锯齿状，两面密被短毛。花两性，着生于上部小枝的叶腋；萼片5枚，分离，两侧边缘内折而成舟状，先端有长尾尖，开花时反折；花瓣5枚，白色，倒阔卵形，具有瓣柄，全缘；雄蕊多数；子房无毛，5～6室，每室有胚珠多枚；柱头5～6浅裂，宿存；花盘杯状。果球形，顶端有宿存萼片，红熟味香甜，可鲜吃。花果期几乎全年。

分布 常见于温暖湿润的丘陵和山地。产于华南、华东地区。原产于美洲热带。

用途 生性强健，生长快，适合作行道树、庭园树、诱鸟树。

椴树科

蛇婆子　梧桐科蛇婆子属

Waltheria indica L.

特征　略直立或匍匐状亚灌木，长达1m。多分枝，小枝密被绒毛。叶片卵形或长椭圆状卵形，长2.5～4.5cm，宽1.5～3cm，顶端钝，基部圆形或浅心形，边缘有小齿，两面均密被绒毛。聚伞花序腋生，头状；萼管状，5裂；花瓣5片，淡黄色，匙形，顶端截形；雄蕊5枚，花丝合生成筒状，包雌蕊；子房无柄，被柔毛，花柱偏生，柱头流苏状。蒴果小，二瓣裂，倒卵形，被短柔毛。花期夏秋季。

分布　喜生于山野间向阳草坡上，一般分布在北回归线以南的海边和丘陵地。产于华南、西南地区。广布于全世界的热带地区。

用途　在地面匍匐生长，管理粗放，可作地被保土植物。根和茎可入药，具有祛风利湿、清热解毒之功效，主治风湿痹症、咽喉肿痛、湿热带下、痈肿瘰疬。

磨盘草 锦葵科苘麻属

Abutilon indicum (L.) Sweet

特征 一年生或多年生亚灌木状草本，高达1～2.5m。茎直立，分枝多，全株被灰色短柔毛。叶片卵圆形或近圆形，先端短尖或渐尖，基部心形，边缘具不规则锯齿，两面密被灰色星状柔毛；叶柄被灰色短柔毛和疏丝状长毛；托叶钻形，外弯。花单生于叶腋，近顶端具节，被灰色星状柔毛；花萼盘状，绿色，密被灰色柔毛；花黄色，直径2～2.5cm；花瓣5枚，长7～8mm。果倒圆形，极似磨盘。种子肾形，被星状疏柔毛。花期7～10月。

分布 常生于低海拔的平原、海边等处。产于华南、华东和西南等地。东南亚、斯里兰卡和印度也有分布。

用途 可栽于花坛、疏草坪边缘。本种皮层纤维可供织麻布、搓绳索和加工成人造棉供织物。全草入药，疏风清热、消肿解毒，治感冒发热、耳聋、咽炎、跌打损伤等。

锦葵科

赛葵　锦葵科赛葵属

Malvastrum coromandelianum (L.) Gurcke

　　特征　亚灌木状。茎直立，高达1m，枝条疏被单毛和星状粗毛。叶片卵状披针形或卵形，长3～5cm，宽1～3cm，先端钝尖，基部宽楔形至圆形，边缘具粗锯齿，上面疏被长毛，下面疏被长毛和星状长毛；叶柄长1～3cm，密被长毛；托叶披针形。花单生于叶腋；花梗长约5mm，被长毛；小苞片线形，疏被长毛；萼浅杯状，5裂，裂片卵形，渐尖头，基部合生，疏被单长毛和星状长毛；花黄色，花瓣5枚，倒卵形。果肾形，疏被星状柔毛，具2芒刺。

　　分布　散生于干热草坡。产于华南地区，福建、台湾及云南。原产于美洲，热带地区广布，为我国归化植物。

　　用途　株形美观，叶色青翠，宜盆栽或配植于花基。全草入药，清热利湿、解毒消肿，治湿热泻痢、黄疸、肺热咳嗽、痔疮、痈肿疮毒等。

心叶黄花稔 锦葵科黄花稔属
Sida cordifolia L.

锦葵科

特征　亚灌木。茎直立，高约1m，小枝密被星状柔毛并混生长柔毛。叶互生；叶柄长1～2.5cm，密被星状柔毛和混生长柔毛；托叶线形，长约5mm，密被星状柔毛；叶片卵形，长1.5～5cm，宽1～4cm，先端钝或圆，基部微心形或圆，边缘具钝齿，两面均被星状柔毛，下面脉上混生长柔毛。花单生或簇生于叶腋或枝端，密被星状柔毛和混生长柔毛，上端具节；花黄色，花瓣长圆形。蒴果直径6～8mm，近球形。种子长卵形，先端具短毛。花期全年。

分布　生于山坡灌丛间或路旁草丛中。产于华南地区，福建、台湾及云南。亚洲和非洲的热带和亚热带地区也有分布。

用途　盆栽或栽于路旁、山石旁。全草入药，清热利湿、止咳、解毒消痈，治湿热黄疸、痢疾、泄泻、发热咳嗽、气喘、痈肿疮毒等。

白背黄花稔　锦葵科黄花稔属
Sida rhombifolia L.

特征　亚灌木。茎直立，高0.5～1m，分枝多，小枝被星状绵毛。叶片菱形或长圆状披针形，长2.5～4.5cm，宽3cm，先端浑圆至短尖，基部宽楔形，边缘具锯齿，上面疏被星状柔毛至近无毛，下面灰白色，密被极短的星状毛；叶柄长3～5cm，被星状柔毛。花单生于叶腋；花梗长1～2cm，密被星状柔毛，中部以上有节；花萼杯状，外被星状毛，裂片5枚，三角形；花冠黄色，花瓣倒卵形；雄蕊管无毛，有时被极疏腺毛。果半球形，直径7～8mm，被星状柔毛，顶端具2短芒。花期秋冬季。

分布　生于山坡灌丛间，旷野和沟谷两岸。产于华南、西南地区及福建、台湾、湖北等省份。广布于世界热带地区。

用途　丛植或片植于路旁、林缘或疏林下，也可用于布置花坛。全草入药，清热利湿、解毒消肿，治感冒高热、湿热泻痢、黄疸、头晕、痔血等。

榛叶黄花稔　锦葵科黄花稔属
Sida subcordata Span

特征　直立亚灌木，高1～2m。小枝疏被星状柔毛。叶片卵形至长圆形，长5～10cm，宽3～7.5cm，先端短渐尖，基部圆形，边缘具细圆锯齿，两面均疏被星状柔毛；具托叶。花序排列成伞房花序至亚圆锥花序，顶生或腋生，中部具节，均疏被星状柔毛；花萼长8～11mm，疏被星状柔毛，裂片5枚，三角形；花冠黄色，直径2cm，花瓣倒卵形，长1.2cm；雄蕊柱长1cm，无毛，花丝纤细，多数；花柱分枝8～9枚。蒴果近球形，直径1cm，分果爿8～9枚，具长芒2枚，被倒生刚毛。种子卵形，端密被褐色短柔毛。花期冬春季。

分布　在海拔500～1400m的山谷疏林边、草丛中。产于华南地区。印度和东南亚等热带地区也有分布。

用途　花极具观赏性，可盆栽或作地被植物。

桐棉　杨叶肖槿、长梗肖槿　锦葵科桐棉属

Thespesia populnea (L.) Soland. ex Corr.

特征　常绿乔木，高约6m。茎直立，小枝具褐色盾形细鳞秕。叶片卵状心形，先端长尾状，基部心形，全缘，上面无毛，下面被稀疏鳞秕；叶柄具鳞秕；托叶线状披针形。花单生于叶腋；花梗长2.5～6cm，密被鳞秕；小苞片3～4枚，线状披针形，被鳞秕，常早落；花萼杯状，截形，密被鳞秕；花冠钟形，黄色，内面基部具紫色块；花柱棒状，端具5槽纹。蒴果梨形。种子三角状卵形，被褐色纤毛，间有脉纹。花果期近全年。

分布　常生于海边和海岸向阳处。产于广东、海南、台湾。东南亚、南亚和热带非洲也有分布。

用途　树冠苍翠，花叶俱美，适合作庭园绿荫树、行道树及防风树。

铁苋菜 大戟科铁苋菜属
Acalypha australis L.

大
戟
科

特征 一年生草本，高0.2～0.5m，雌雄同株。小枝具柔毛。托叶披针形；叶柄2～6cm；叶片长圆状卵形，膜质，具沿脉小柔毛，正面无毛，基部楔形，具圆齿，先端短渐尖。花序腋生，具柔毛，两性；下部的雌花苞片卵形或心形，边缘具圆齿；雌花每苞片1～3枚，无梗；萼片3枚，狭卵形，具柔毛；子房具柔毛；花柱3枚，长约2mm。蒴果3室，具柔毛和瘤。种子近卵形，平滑。花期、果期12月至翌年4月。

分布 生于平原、山坡耕地，空旷草地或疏林下。除内蒙古、新疆、青海及西藏外的整个中国有产。东亚和东南亚均有分布，在澳大利亚北部和印度东部已被驯化。

用途 全草入药，内服治疗肠炎、细菌性痢疾、肝炎、吐血等，外用治疗外伤出血、毒蛇咬伤等。

黑面神 大戟科黑面神属
Breynia fruticosa (L.) Müll. Arg.

特征 直立灌木，高1～5m。枝上半部压扁，紫色；小枝绿色，全株无毛。托叶三角状披针形；叶片卵形，革质，背面粉绿色，正面深绿色；侧脉3～8对。花小，单生或2～4花为腋生簇束。雄花花梗长2～3mm；花萼陀螺状，先端具6齿。雌花数个，腋生；花梗长2mm；花萼钟状，直径约4mm；柱头3枚，先端明显2裂，裂片下弯，在果期伸长，达1～2mm。果梗长5mm；蒴果球状，先端圆形，黄色到橙色。种子约3mm×3mm，红色。花期全年，果期5～12月。

分布 生于山地的斜坡、灌丛、向阳的林缘。产于华南、华中、西南地区。东南亚地区也有分布。

用途 药用。根入药，祛风、解毒、散瘀、止痛。

海滨大戟　大戟科大戟属
Euphorbia atoto G. Forster

特征　多年生草本，高20～60cm。根茎木质；基部茎很多分枝，上升或近直立；节间大。叶对生，多数不重叠；托叶生叶柄间，膜质，三角形，撕裂；叶片椭圆形或卵状长圆形；侧脉羽状。顶生和近顶生杯状聚伞花序；总苞杯状；腺体4枚，横向椭圆形，附属物不明显；雄花10～25枚，花药黄色；雌花花梗长2～4mm，从总苞外露，子房无毛，花柱离生，易脱落。蒴果外露，下垂，具3角，平滑。种子球状，浅黄色，正面不明显浅褐色具条纹。花期及果期6～11月。

分布　生于近海岸的沙地。产于广东（南部沿海）、海南和台湾。分布于日本、泰国、斯里兰卡、印度、印度尼西亚诸岛屿、太平洋诸岛屿直至澳大利亚。

用途　可作地被植物。

大戟科

猩猩草　大戟科大戟属

Euphorbia cyathophora Murr.

特征　一年生或多年生草本，高可达1m。茎直立，上部多分枝，光滑无毛。叶互生；叶片卵形、椭圆形或卵状椭圆形，先端尖或圆，基部渐狭，长3～10cm，宽1～5cm，边缘波状分裂，或具波状齿，或全缘；叶柄长1～3cm；总苞叶与茎生叶同形，较小，长2～5cm，宽1～2cm，淡红色或仅基部红色。花序单生，聚伞状生于枝端；总苞钟状，绿色，高5～6mm，直径3～5mm，边缘5裂，裂片常齿状分裂；腺体1～2枚，扁杯状，近两唇形，黄色。雄花多枚，常伸出总苞外。雌花1枚，子房柄明显伸出总苞外；子房三棱状球形，无毛；花柱3枚，分离，柱头2浅裂。蒴果，三棱状球形，直径3.5～4mm，熟时分为3个分果瓣。种子卵状椭圆形，褐色至黑色。花果期5～11月。

分布　生于路边。原产于中南美洲。产于华南、华中、华东、西南地区及山东、河北。

用途　可作观花植物栽培。

飞扬草 大戟科大戟属
Euphorbia hirta L.

特征 一年生草本，高30～70cm。根纤维状，3～5mm。茎从中部或中部以上分枝，混生长黄褐色多细胞毛和非常短的白色毛。叶对生；托叶膜质，三角形，早落；叶柄长1～3.5mm；叶片长椭圆形或卵状披针形，上面绿色到红色，下面灰绿色。聚伞花序紧密；花序梗长25mm，有毛；雌花花梗短，从总苞外露，花柱离生，柱头2裂。蒴果具3角，平滑，具短柔毛；果梗长达1.5mm。种子近球形、方形，带红色，边具横向皱纹。花果期6～12月。

分布 生于路旁、田野、灌丛、疏林。产于华南和西南地区，以及江西、湖南、福建、台湾。分布于热带和亚热带地区。

用途 全草入药，主治细菌性痢疾、肠炎、支气管炎、皮炎、皮肤瘙痒等。

大戟科

千根草　大戟科大戟属
Euphorbia thymifolia L.

　　特征　一年生草本。根纤细，长约10cm，具多数不定根。茎纤细，基部常呈匍匐状。叶对生；叶片长4～8mm，宽2～5mm；具托叶。花序单生或数个簇生于叶腋，长1～2mm，被稀疏柔毛；雄花少数，微伸出总苞边缘；雌花1枚，子房柄极短，子房被贴伏的短柔毛，花柱3枚，分离，柱头2裂。蒴果卵状三棱形，长约1.5mm，直径1.3～1.5mm，被贴伏的短柔毛，成熟时分裂为3个分果爿。种子长卵状四棱形，长约0.7mm，直径约0.5mm，暗红色，每个棱面具4～5个横沟。花果期6～11月。

　　分布　生于路旁、屋旁、草丛、稀疏灌丛等，多见于沙质土。产于华南、华东地区，以及江西、湖南、云南等地。广布于世界的热带和亚热带地区（澳大利亚除外）。

　　用途　全草入药，主治细菌性痢疾、肠炎腹泻、痔疮出血、湿疹、过敏性皮炎等。

地杨桃　大戟科地杨桃属

Microstachys chamaelea (L.) Müll. Arg.
Sebastiania chamaelea (L.) Muell. Arg.

特征　多年生亚灌木状草本，高20～60cm。茎基部多木质化。单叶互生；叶柄短，长约2mm；托叶宿存，卵形；叶片线形或线状披针形，长20～55mm，宽2～10mm，顶端钝，基部常有小腺体，边缘有密细齿，背面被柔毛。雌雄同株，聚集成纤弱的穗状花序；雄花多数，螺旋排列于花序轴上部，雌花1朵或数朵着生于花序轴下部，偶单独侧生。雄花苞片卵形，长约1mm，具细齿，基部两侧具腺体，每一苞片内有花1～2朵；萼片3枚，卵形，具齿；雄蕊3枚。雌花苞片披针形，具齿，两侧具腺体；萼片3枚，阔卵形，具撕裂状的小齿，基部有小腺；花柱3枚，分离。蒴果三棱状球形，直径3～4mm，分果爿背部具小皮刺。花果期3～11月。

分布　生于海滩、干燥的田野或路旁。产于华南地区。印度、斯里兰卡，东南亚也有分布。

用途　可用于荒地绿化。全草入药，祛风除湿、舒筋活血，主治风湿痹痛。

大戟科

苦味叶下珠　大戟科叶下珠属

Phyllanthus amarus Schumach. et Thonn.

特征　一年生或二年生草本，高或长10～170cm，直立或平卧，全株无毛。茎单一，基部木质或稍木质，分枝，圆柱状。叶片长圆形或椭圆状长圆形，基部圆形。雌雄同株；花束簇状，雄花常生于多叶枝的下部，生于枝中部的常为1雌花和1雄花，小枝先端的多为雌花。种子具3锐角，0.9～1mm×0.7～0.8mm，浅褐色或淡黄棕色。花期及果期全年。

分布　生于干燥的田野、路旁、荒地、林缘、灌丛。产于华南地区，以及台湾和云南。原产于美国。

用途　可作地被植物。

青灰叶下珠　大戟科叶下珠属
Phyllanthus glaucus Wall. ex Müll. Arg.

　　特征　灌木，高达4m，全株无毛。枝圆柱状；小枝纤细。叶柄长2～4mm；叶片椭圆形或长圆形，膜质，基部钝到圆形，先端锐尖。雌雄同株；花序为腋生束簇状，常有数朵雄性花和1雌花；雄花花梗长约8mm，萼片6枚，卵形，花盘腺体6枚，雄蕊5枚，花丝离生，花药纵向开裂；雌花花梗长约9mm，萼片6枚，卵形，花盘杯状，子房卵形，3室，花柱3枚，在基部合生。浆果球状到扁球形，直径约1cm，黑紫色。种子褐黄色。花期4～7月，果期7～10月。

　　分布　生于灌丛、疏林。产于华南、华中、华东、西南地区。不丹、印度、尼泊尔也有分布。

　　用途　根入药，主治风湿痹痛、小儿疳积。

大戟科

叶下珠 大戟科叶下珠属
Phyllanthus urinaria L.

特征 一年生草本，直立或平卧，高可达80cm。茎在基部多分枝。叶2列；托叶卵状披针形，长约1.5mm，基部显著耳形；叶片纸质，长圆形或长圆状倒卵形或近线形，具缘毛，先端圆形。雌雄同株；雄花生于小枝上部，2～4花；雌花生于中部和下部，1花；花梗长约0.5mm，带有1～2枚小苞片在基部。蒴果球状，直径2～2.5mm，带红色斑点，具鳞屑状瘤。种子浅灰色，在背面和边上有12～15条锐横脊。花期4～6月，果期7～11月。

分布 生于干燥的田野、路旁、荒地、林缘。产于河北、山西、陕西，以及华东、华中、华南、西南等地区。印度、斯里兰卡、东南亚、日本至南美也有分布。

用途 全草入药，主治痢疾、泄泻、黄疸、夜盲、毒蛇咬伤等。

蓖麻 大戟科蓖麻属
Ricinus communis L.

特征 一年生粗壮草本或灌木状，高达5m。小枝、叶和花序通常被白霜。单叶互生；叶柄粗壮，中空，顶端及基部具盘状腺体；托叶长三角形，早落；叶片掌状7～11裂，长和宽达40cm或更大，分裂达中部；裂片卵状长圆形或披针形，具锯齿。雌雄同株，总状花序或圆锥花序，长15～30cm；苞片阔三角形，膜质，早落。雄花的花萼裂片卵状三角形，长7～10mm；雄蕊束状，多。雌花的萼片卵状披针形，长5～8mm，凋落；子房卵状，密生软刺或无刺，顶部2裂，密生凸起。蒴果卵球形或近球形，长1.5～2.5cm，具软刺或平滑。花期几乎全年。

分布 生于干旱的旷野、路边。原产地可能在非洲。现在华南、西南地区逸为野生。全世界热带地区广泛分布。

用途 根入药，治破伤风、子宫脱垂等；叶入药，主治脚气、风湿痹痛、咳嗽痰喘等；种子入药，治痈疽肿毒、烫伤、跌打损伤等；种子所含的蓖麻油，可作缓泻剂。但种子含蓖麻毒蛋白及蓖麻碱，有毒性，需注意用量。

大戟科

守宫木　树仔菜　大戟科守宫木属
Sauropus androgynus (L.) Merr.

　　特征　灌木，高1～3m，全株均无毛。小枝绿色，长而细，幼时上部具棱，老渐圆柱状。单叶互生；叶柄长2～4mm；托叶2枚，长三角形或线状披针形；叶片近膜质或薄纸质，卵状披针形，长3～10cm，宽1.5～3.5cm，顶端渐尖，基部楔形、圆形或截形。雌雄同株，花簇生叶腋。雄花1～2朵腋生，或几朵与雌花簇生于叶腋，直径2～10mm；花梗纤细，长约5mm；花盘浅盘状，6浅裂，雄蕊3枚，合生呈短柱状；花盘腺体6枚。雌花常单生叶腋；花梗长6～8mm；花萼6深裂，裂片红色，倒卵形或倒卵状三角形；雌蕊扁球状，花柱3枚，顶端2裂。蒴果扁球状或圆球状，径约1.7cm，乳白色，具红色宿存花萼。花期4～7月，果期7～12月。

　　分布　生于矮灌木丛中、向阳的林缘。产于华南、云南。东南亚及南亚也有分布。

　　用途　枝繁叶茂，萌芽能力强，可作绿篱。嫩枝和嫩叶可作蔬菜食用。

合萌　豆科合萌属
Aeschynomene indica L.

特征　一年生草本或亚灌木状。茎直立，高0.3～1m，多分枝，圆柱形，无毛，具小凸点。叶互生，一回羽状，具20～30对小叶或更多；托叶膜质，卵形至披针形；叶柄长约3mm；小叶近无柄，薄纸质，线状长圆形，长5～15mm，宽2～3.5mm。总状花序比叶短，腋生，长1.5～2cm；花冠淡黄色，具紫色的纵脉纹，易脱落，基部具极短的瓣柄；雄蕊二体；子房扁平，线形。荚果线状长圆形，直或弯曲，长3～4cm，宽约3mm。种子黑棕色，肾形。花期7～8月，果期8～10月。

分布　除草原、荒漠外，全国林区及其边缘均有分布。非洲、大洋洲及亚洲热带地区，以及朝鲜、日本均有分布。

用途　优良的绿肥植物。茎髓质地轻软，耐水湿，可制遮阳帽、浮子、救生圈和瓶塞等。地上部入药，主治热淋、血淋、黄疸、夜盲、肿毒、湿疹等。

豆科

豆科

链荚豆　豆科链荚豆属
Alysicarpus vagnalis (L.) Candolle

特征　多年生草本。茎平卧或上部直立，高30～90cm，无毛或稍被短柔毛。叶为单小叶，在茎上部为卵状长圆形、长圆状披针形至线状披针形，长3～6.5cm，宽1～2cm，在下部为心形、近圆形或卵形，较小；有托叶。总状花序腋生或顶生，长1.5～7cm，有花6～12朵，成对排列于节上；花冠紫蓝色，略伸出于萼外，旗瓣宽，倒卵形；子房被短柔毛，有胚珠4～7枚。荚果扁圆柱形，长1.5～2.5cm，宽2～2.5mm，被短柔毛，有不明显皱纹；荚节4～7枚，荚节间不收缩，但分界处有略隆起线环。花期9月，果期9～11月。

分布　多生于空旷草坡、旱田边、路旁或海边沙地。产于华南地区，福建、台湾、云南。广布于东半球热带地区。

用途　良好的绿肥植物，也可作饲料。全草入药，清火解毒、利胆退黄。

蔓草虫豆　豆科木豆属
Cajanus scarabaeoides (L.) Thouars

特征　蔓生或缠绕状草质藤本，长可达2m。茎纤弱，具细纵棱。叶具羽状3小叶；托叶小，卵形，被毛，常早落；叶柄长1～3cm；小叶纸质或近革质，下面有腺状斑点，顶生小叶椭圆形至倒卵状椭圆形，长1.5～4cm，宽0.8～3cm，侧生小叶较小，斜椭圆形或斜倒卵形。总状花序腋生，常长不及2cm，有花1～5朵；总花梗长2～5mm，与总轴同被红褐色至灰褐色绒毛；花冠黄色。荚果长圆形，长1.5～2.5cm，宽约6mm，密被红褐色或灰黄色长毛，果瓣革质。种子3～7枚，椭圆状，长约4mm，种皮黑褐色。花期9～10月，果期11～12月。

分布　常生于旷野、路旁或山坡草丛中。产于华南、西南地区，福建、台湾。日本琉球群岛、东南亚、南亚至大洋洲、非洲也有分布。

用途　全草入药，主治伤风感冒、咽喉肿痛、水肿、腰痛、外伤出血等。

豆科

海刀豆　豆科刀豆属

Canavalia rosea (Sw.) Candolle
Canavalia maritima (Aubl.) Thou.

特征　草质藤本。茎被稀疏的微柔毛。羽状复叶具3小叶；托叶、小托叶小；叶柄长2.5～7cm；小叶柄长5～8mm；小叶卵形，椭圆形或近圆形，长5～14cm，宽4.5～10cm，先端圆钝、微凹或具小凸头，基部楔形至近圆形。总状花序腋生，连总花梗长达30cm；花1～3朵聚生于花序轴近顶部的每一节上；小苞片2枚，卵形；花萼钟状；花冠紫红色。荚果线状长圆形，长8～12cm，宽2～2.5cm，厚约1cm，顶端具喙尖，有纵棱。种子椭圆形，长13～15mm，宽10mm，种皮褐色。花期6～7月。

分布　蔓生于海边沙滩上。产于我国东南部至南部地区。热带海岸地区广布。

用途　豆荚和种子经水煮沸、清水漂洗后可供食用，但常因加工不当而发生中毒。

大叶山扁豆 短叶决明 豆科山扁豆属

Chamaecrista leschenaultiana (Candolle) O. Degener

Cassia leschenaultiana DC.

特征 一年生或多年生亚灌木状草本，高30～80cm，偶可达1m。茎直立，分枝，嫩枝密生黄色柔毛。叶长3～8cm，在叶柄的上端有圆盘状腺体1枚；小叶14～25对，线状镰形，长8～15mm，宽2～3mm，两侧不对称；托叶线状锥形。花序腋生，有花1或数朵不等；总花梗顶端的小苞片长约5mm；萼片5枚，长约1cm，带状披针形，外面疏被黄色柔毛；花冠橙黄色，花瓣稍长于萼片或与萼片等长；雄蕊10枚，偶1～3枚退化；子房密被白色柔毛。荚果扁平，长2.5～5cm，宽约5mm，有8～16枚种子。花期6～8月，果期9～11月。

分布 生于山地路旁的灌木丛或草丛中。产于华南、华东、西南地区，以及江西。越南、缅甸、印度也有分布。

用途 耐旱、耐瘠，是良好的地被植物和改土植物，也可作绿肥。幼嫩茎叶可代茶食用。全草为牛羊喜食的饲料。

豆科

铺地蝙蝠草 豆科蝙蝠草属

Christia obcordata (Poir.) Bakh. f.

特征 多年生平卧草本，长15～60cm。茎与枝极纤细，被灰色短柔毛。叶常为三出复叶，稀为单小叶；托叶刺毛状，长约1mm；叶柄长8～10mm，丝状，疏被灰色柔毛；小叶膜质，顶生小叶常为肾形、三角形或倒卵形，长5～15mm，宽10～20mm，先端截平或微凹，基部宽楔形，侧生小叶较小。总状花序多为顶生，长3～18cm，每节生1花；花梗长2～3mm，纤细，被灰色柔毛；花萼半透明，被灰色柔毛，最初长约2mm，结果时长6～8mm，有明显网脉；花冠蓝紫色或玫瑰红色，略长于花萼。荚果有荚节4～5枚，完全藏于萼内；荚节圆形，直径约2.5mm，无毛。花期5～8月，果期9～10月。

分布 生于旷野草地、荒坡及丛林中。产于华南地区，福建及台湾南部。印度、东南亚及澳大利亚北部也有分布。

用途 全株入药，用于治小便淋痛、淋症、水肿、吐血、咳血、跌打损伤、疮疡、疥癣、蛇虫咬伤。

长萼猪屎豆 豆科猪屎豆属
Crotalaria calycina Schrank

特征　多年生直立草本，高30～80cm。茎圆柱形，密被粗糙的褐色长柔毛。托叶丝状，长约1mm，宿存或早落单叶，近无柄，长圆状线形或线状披针形，长3～12cm，宽0.5～1.5cm，先端急尖，基部渐狭，下面密被褐色长柔毛。总状花序顶生，稀腋生，常缩短或近头状，有花3～12朵；花梗粗壮，长2～4mm；花萼二唇形，长2～3cm，深裂，密被棕褐色长柔毛；花冠黄色，全部包被萼内，旗瓣倒卵圆形或圆形，长1.5～2.5cm，先端或上面靠上方有微柔毛，基部具胼胝体2枚，翼瓣长椭圆形，约与旗瓣等长，具长喙。荚果圆形，成熟后黑色，长约1.5cm，秃净无毛。种子20～30枚。花果期6～12月。

分布　生于山坡疏林及荒地路旁。产于华南地区，以及福建、台湾、云南、西藏。非洲，大洋洲，亚洲热带、亚热带地区也有分布。

用途　全草入药，主治小儿疳积、肾炎、膀胱炎、咳嗽痰喘等。

豆科

猪屎豆　豆科猪屎豆属
Crotalaria pallida Ait.

　　特征　多年生草本，或呈灌木状。茎枝圆柱形，具小沟纹，密被紧贴的短柔毛。叶互生，三出复叶；托叶刚毛状，常早落；叶柄长2～4cm；小叶长圆形或椭圆形，长3～6cm，宽1.5～3cm，先端圆钝或微凹，基部宽楔形。总状花序顶生，长达25cm，有花10～40朵；苞片线形，长约4mm；花冠黄色，伸出萼外，旗瓣圆形或椭圆形，直径约10mm，基部具胼胝体2枚，下部边缘具柔毛，龙骨瓣最长，约12mm，弯曲，几达90°，具长喙，基部边缘具柔毛；子房无柄。荚果长圆形，长3～4cm，直径5～8mm，幼时被毛，成熟后脱落，果瓣开裂后扭转。种子20～30枚。花果期9～12月。

　　分布　生于荒山草地及沙质土壤之中。产于华南、华东地区，以及湖南、四川、云南。美洲，非洲，亚洲热带、亚热带地区也有分布。

　　用途　全草入药，主治痢疾、泄泻、小便淋沥等。

大叶山蚂蝗 豆科山蚂蝗属
Desmodium gangeticum (L.) Candolle

特征　直立或近直立亚灌木，高可达1m。茎柔弱，稍具棱，被稀疏柔毛，分枝多。叶为单小叶；托叶狭三角形或狭卵形，长约1cm；叶柄长1～2cm，密被直毛和小钩状毛；小叶纸质，长椭圆状卵形，偶卵形或披针形，长3～13cm，宽2～7cm，先端急尖，基部圆形，全缘。总状花序顶生和腋生，但顶生者偶为圆锥花序，长10～30cm；总花梗纤细，被短柔毛，花2～6朵生于每一节上；花冠淡红色；雄蕊二体；雌蕊长4～5mm，花柱上部弯曲。荚果密集，略弯曲，长1.2～2cm，宽约2.5mm，有荚节6～8枚。花期4～8月，果期8～9月。

分布　生于荒地草丛中或次生林中。产于华南、云南南部及东南部、台湾中部和南部。斯里兰卡、印度、东南亚、热带非洲和大洋洲也有分布。

用途　草质粗糙，适口性较差，牛、羊只喜欢采食嫩叶。

豆科

假地豆 豆科山蚂蝗属

Desmodium heterocarpon (L.) Candolle

豆科

特征 小灌木或亚灌木，高30～150cm。茎直立或平卧，基部多分枝。叶为羽状三出复叶，小叶3枚；托叶狭三角形，宿存；叶柄长1～2cm；小叶纸质，顶生小叶椭圆形或倒卵形，长2.5～6cm，宽1.3～3cm，先端钝或微凹，基部钝，侧生小叶较小，全缘。总状花序顶生或腋生，长2.5～7cm，总花梗密被淡黄色开展的钩状毛；花极密，每2朵生于花序的节上；花冠紫红色、紫色或白色，长约5mm；雄蕊二体，长约5mm；雌蕊长约6mm，子房无毛或被毛，花柱无毛。荚果密集，狭长圆形，长12～20mm，宽2.5～3mm，有荚节4～7枚，荚节近方形。花期7～10月，果期10～11月。

分布 生于山坡草地、水旁、灌丛或林中。产于长江以南各地区，西至云南，东至台湾。印度、斯里兰卡、日本、东南亚、太平洋群岛及大洋洲也有分布。

用途 全草入药，主治泌尿系结石、跌打瘀肿、外伤出血。

三点金　豆科山蚂蝗属

Desmodium triflorum (L.) Candolle

豆科

特征　多年生平卧草本，高10～50cm。茎纤细，多分枝，被开展柔毛；根茎木质。叶为羽状三出复叶，小叶3枚；托叶披针形，膜质，长3～4mm；叶柄长约5mm，被柔毛；小叶纸质，顶生小叶倒心形、倒三角形或倒卵形，长和宽2.5～10mm，先端截平或微凹，基部楔形，下面被白色柔毛。花单生或2～3朵簇生叶腋；花冠紫红色，旗瓣倒心形，翼瓣椭圆形，具短瓣柄，龙骨瓣略呈镰刀形，具长瓣柄。荚果扁平，狭长圆形，略呈镰刀状，长5～12mm，宽2.5mm，有荚节3～5枚；荚节近方形，被钩状短毛，具网脉。花果期6～10月。

分布　生于旷野草地、路旁或河边沙土上。产于华南、华东、西南地区，以及江西。印度、斯里兰卡、尼泊尔，以及东南亚、太平洋群岛、大洋洲和美洲热带地区也有分布。

用途　全草入药，主治中暑腹痛、痢疾、月经不调、痛经、跌打损伤等。

圆叶野扁豆　豆科野扁豆属

Dunbaria rotundifolia (Lour.) Merr.

　　特征　多年生缠绕藤本。茎纤细，柔弱，微被短柔毛。叶具羽状3小叶；托叶小，披针形，常早落；叶柄长0.8～2.5cm；小叶纸质，顶生小叶圆菱形，长1.5～4cm，宽常稍大于长，先端钝，基部圆形，具黑褐色小腺点。花1～2朵腋生；花萼钟状，长2～5mm，齿裂。花冠黄色，长1～1.5cm，旗瓣倒卵状圆形，先端微凹，基部具2枚齿状的耳，翼瓣倒卵形，略弯，具尖耳，龙骨瓣镰状，具钝喙；雄蕊二体；子房无柄。荚果线状长椭圆形，扁平，略弯，长3～5cm，宽约8mm，被极短柔毛或近无毛，先端具针状喙，无果颈。种子6～8枚，近圆形，直径约3mm，黑褐色。花期9～10月，果期10～11月。

　　分布　常生于山坡灌丛中和旷野草地上。产于华南、华东，以及江西、四川、贵州等地区。印度、印度尼西亚、菲律宾也有分布。

　　用途　全草入药。清热解毒，止血生肌，主治急性肝炎、肺热等。

硬毛木蓝　豆科木蓝属
Indigofera hirsuta L.

特征　平卧或直立亚灌木，高30～100cm。茎圆柱形，多分枝。枝、叶柄和花序均被开展长硬毛。羽状复叶长2.5～10cm；叶柄长约1cm，有灰褐色开展毛；小叶3～5对，对生，纸质，倒卵形或长圆形，长3～3.5cm，宽1～2cm，先端圆钝，基部宽楔形，两面有伏贴毛。总状花序长10～25cm，密被锈色和白色混生的硬毛，花小，密集；花冠红色，长4～5mm，外面有柔毛，旗瓣倒卵状椭圆形。荚果线状圆柱形，长1.5～2cm，直径2.5～8mm，有开展长硬毛，紧挤，有种子6～8枚，内果皮有黑色斑点。花期7～9月，果期10～12月。

分布　生于低海拔的山坡旷野、路旁、河边草地及海滨沙地上。产于华南地区，湖南、福建、浙江、云南等。热带非洲、亚洲、美洲及大洋洲也有分布。

用途　花繁茂，花色艳丽，宜盆栽或布置花境。

银合欢　豆科银合欢属
Leucaena leucocephala (Lam.) de Wit.

　　特征　灌木或小乔木，高2～6m。幼枝被短柔毛，老枝无毛。二回羽状复叶，羽片4～8对，具托叶；叶轴被柔毛，在最基部的羽片着生处有黑色腺体1枚；小叶5～15对，线状长圆形，先端急尖，基部楔形，边缘被短柔毛。头状花序常1～2个腋生，直径2～3cm；花瓣白色，狭倒披针形，背被疏柔毛。荚果带状，顶端凸尖，熟后褐色。花期4～7月，果期8～10月。

　　分布　生于低海拔的荒地或疏林中。原产于热带美洲。华南地区，福建、台湾和云南有分布。热带及亚热带地区广泛分布。

　　用途　水土保持、荒山绿化的良好树种。

大翼豆 豆科大翼豆属

Macroptilium lathyroides (L.) Urban

特征 一年生或二年生草本，高0.6～1.5m，常直立，偶蔓生或缠绕。茎密被短柔毛。一回羽状复叶，具3小叶；托叶披针形；小叶狭椭圆形至卵状披针形，长3～8cm，宽1～3.5cm，先端急尖，基部楔形，仅下面被柔毛；叶柄长1.5cm。花序长3.5～15cm，总花梗长15～40cm；花疏生于花序轴上部；花萼管状钟形，萼齿短三角形；花冠紫红色，旗瓣近圆形，长1.5cm，翼瓣长约2cm，具白色瓣柄，龙骨瓣先端旋卷。荚果线形，长5.5～10cm，密被短柔毛。种子斜长圆形，棕色。花期7月，果期9～11月。

分布 生于旷野、干旱的路边。原产于热带美洲。产于华南、福建。

用途 可作地被植物。可作饲料。

豆科

豆科

巴西含羞草 豆科含羞草属

Mimosa diplotricha C. Wright

Mimosa invisa Mart. ex Colla

特征 亚灌木或多年生草本。茎攀援或平卧，长达60cm，五棱柱状，沿棱上密生钩刺，其余被疏长毛，老时毛脱落。二回羽状复叶，长10～15cm；总叶柄及叶轴有钩刺4～5列；羽片4～8对，长2～4cm；小叶12～30对，线状长圆形，长3～5mm，宽约1mm，被白色长柔毛。头状花序，1或2个生于叶腋；花紫红色；花冠钟状，中部以上4瓣裂，外面稍被毛；雄蕊8枚，花丝长为花冠的数倍；子房圆柱状，花柱细长。荚果长圆形，边缘及荚节有刺毛。种子黄褐色。花果期3～9月。

分布 栽培或逸生于旷野、荒地。产于广东、海南。原产于巴西。

用途 庭园观赏。花美丽，适合园林绿地及水岸边作地被植物栽培，也是科普教育的良好素材。

含羞草　豆科含羞草属
Mimosa pudica L.

豆科

　　特征　披散亚灌木状草本，高可达1m。茎圆柱状，具分枝，有散生、下弯的钩刺及倒生刺毛。羽片2对，指状排列于总叶柄顶端，长3～8cm；小叶10～20对，线状长圆形，长8～13mm，宽1.5～2.5mm，先端急尖，边缘具刚毛；具托叶。头状花序圆球形，单生或2～3个生于叶腋；花小，淡红色，多数；花冠钟状，裂片4枚，外面被短柔毛；雄蕊4枚；子房有短柄，无毛；胚珠3～4枚，花柱丝状，柱头小。荚果长圆形，扁平，稍弯曲，荚缘波状，具刺毛。种子卵形。花期3～10月，果期5～11月。

　　分布　生于旷野荒地、灌木丛中。产于华南地区，福建、台湾、云南。原产于热带美洲，现广布于世界热带地区。

　　用途　长江流域常有栽培供观赏。全草或根入药，主治感冒、支气管炎、肝炎、神经衰弱、带状疱疹、跌打损伤。

望江南　豆科决明属

Senna occidentalis (L.) Link

Cassia occidentalis L.

特征　直立、少分枝的亚灌木或灌木，无毛，高0.8～1.5m。枝带草质，有棱。一回羽状复叶，长约20cm；叶柄近基部有大而带褐色、圆锥形的腺体1枚；小叶4～5对，膜质，卵形至卵状披针形，顶端渐尖，有小缘毛；具托叶。花数朵组成伞房状总状花序，腋生和顶生；花瓣黄色，外生的卵形，顶端圆形，均有短狭的瓣柄；雄蕊7枚发育，3枚不育。荚果带状镰形，褐色，压扁，长10～13cm，宽8～9mm，稍弯曲，有尖头。种子30～40枚。花期4～8月，果期6～10月。

分布　常生于河边滩地、旷野或丘陵的灌木林或疏林中。产于我国东南部、南部及西南部各地区。原产于美洲热带地区，现广布于全世界热带和亚热带地区。

用途　茎叶入药，主治咳嗽气喘、头痛目赤、小便血淋、蛇虫咬伤等。

田菁 豆科田菁属
Sesbania cannabina (Retz.) Poir.

特征 一年生草本，高3～3.5m。茎绿色，微被白粉，有不明显淡绿色线纹，平滑，基部有多数不定根，幼枝折断后有白色黏液流出。羽状复叶；叶轴具沟槽；小叶20～30（～40）对，对生或近对生，线状长圆形，先端钝至截平，基部圆形，具托叶；小叶柄疏被毛。总状花序，具2～6朵花；花冠黄色；雄蕊二体；雌蕊的柱头头状。荚果细长，微弯，具黑褐色斑纹及喙尖，有种子20～35枚。种子绿褐色，有光泽，短圆柱状。花果期7～12月。

分布 常生于水田、水沟等潮湿低地。产于华南、华东地区，以及江西、云南。伊拉克、印度，东南亚、大洋洲、非洲也有分布。

用途 茎、叶可作绿肥及牲畜饲料。叶入药，主治发热、目赤肿痛、尿血、毒蛇咬伤等；根入药，主治下消、遗精等。

豆科

豆科

圭亚那笔花豆　豆科笔花豆属
Stylosanthes guianensis (Aubl.) Sw.

特征　直立草本或亚灌木，少为攀援，高0.6～1m。茎无毛或有疏柔毛。叶具3小叶；托叶鞘状；叶柄和叶轴长0.2～1.2cm；小叶卵形、椭圆形或披针形，无毛或被疏柔毛或刚毛，边缘偶具小刺状齿，无小托叶；小叶柄长1mm。花序长1～1.5cm，具密集的花2～40朵；花萼管椭圆形或长圆形；旗瓣橙黄色，具红色细脉纹。荚果具1荚节，卵形，无毛或近顶端被短柔毛，喙很小，内弯。种子灰褐色，扁椭圆形，近种脐具喙或尖头。

分布　生于路边、旷野。产于广东、海南。原产于南美洲北部。

用途　优良牧草。可作绿肥、地被植物。

猫尾草　豆科狸尾豆属

Uraria crinita (L.) Desv. ex Candolle

特征　亚灌木，高1～1.5m。茎直立，分枝少，被灰色短毛。叶为奇数羽状复叶，茎下部小叶常为3枚，上部为5枚，少有为7枚，具托叶；叶柄长5.5～15cm，被灰白色短柔毛；小叶近革质，长椭圆形、卵状披针形或卵形；小叶柄长1～3mm，密被柔毛。总状花序顶生，长15～30cm或更长，粗壮，密被灰白色长硬毛；苞片卵形或披针形，被白色并展缘毛；花梗长约4mm，弯曲，被短钩状毛和白色长毛；花萼浅杯状；花冠紫色，长6mm。荚果略被短柔毛。花果期4～9月。

分布　多生于干燥旷野坡地、路旁或灌丛中。产于华南地区，以及福建、江西、云南、台湾等。印度、斯里兰卡，东南亚至澳大利亚北部也有分布。

用途　全草入药，主治肺热咳嗽、刀伤出血。

豆科

丁葵草　豆科丁葵草属
Zornia gibbosa Span.

特征　多年生草本，高20～50cm。根状茎粗壮。小叶2枚；叶片卵状长圆形、倒卵形至披针形，长0.8～1.5cm，先端急尖而具短尖头，基部偏斜，两面无毛，背面有褐色或黑色腺点；具托叶。总状花序腋生，长2～6cm，花2～6（～10）朵；苞片2枚，卵形，长6～7（～10）mm，盾状着生，具缘毛；花萼长3mm；花冠黄色，旗瓣有纵脉，翼瓣和龙骨瓣均较小，具瓣柄。荚果常长于苞片，有荚节2～6枚；荚节近圆形，长与宽约2（～4）mm，表面具明显网脉及针刺。花期4～7月，果期7～9月。

分布　生于干旱的山野地上。产于华南地区，以及江西、福建、浙江、四川、云南。

用途　全草入药，主治清热解毒、凉血解毒，外用可治跌打损伤、毒蛇咬伤等。

豆科

对叶榕　桑科榕属

Ficus hispida L. f.

　　特征　灌木或小乔木，被糙毛。叶常对生，厚纸质；叶片卵状长椭圆形或倒卵状矩圆形，长10～25cm，宽5～10cm，全缘或有钝齿，顶端急尖或短尖，基部圆形或近楔形。雄花生于榕果内壁口部，多数，花被片3枚，薄膜状，雄蕊1枚；瘿花无花被，花柱近顶生，粗短；雌花无花被，柱头侧生，被毛。榕果腋生或生于老茎发出的下垂枝上，陀螺形，成熟时黄色，直径1.5～2.5cm，具散生苞片及粗毛。花果期6～7月。

　　分布　喜生于沟谷潮湿地带。产于华南、西南地区。东南亚、东亚至澳大利亚也有分布。

　　用途　生性强健，树形壮硕，叶簇浓绿，适合作行道树、园景树。根、叶、果、皮入药，清热利湿、消积化痰，治感冒、气管炎、消化不良、痢疾、风湿性关节炎。

桑科

斜叶榕　桑科榕属

Ficus tinctoria G. Forster **subsp. gibbosa** (Bl.) Corner

特征　乔木，高5～20m。有乳汁，幼树附生。叶近革质；叶片卵状椭圆形或近菱形，长4～17cm，宽3～6cm，全缘或边缘中部以上疏生粗锯齿。隐头花序；花序托单生或成对腋生，扁球形或球状梨形，成熟时黄色，顶部有脐状凸起，下端聚狭成柄；雄花、瘿花着生于同一花序托内壁，雄花生于近口部，花被片4～6枚；雄蕊1枚，花丝短，有退化雌蕊；瘿花花被片与雄花相似，子房近球形，花柱侧生；雌花着生于另一植株花序托内，花被片4枚，子房斜卵形，略具乳头状凸起，花柱侧生。榕果球形或梨形。花果期6～7月。

分布　生于山谷湿润林中或岩石上。产于华南、华东、西南地区。东南亚、东亚有分布。

用途　树姿雄伟壮观，浓荫蔽地，为良好的蔽荫树。树皮可入药，清热利湿、解毒，治感冒、高热惊厥、泄泻、痢疾、目赤肿痛。

桑　桑科桑属

Morus alba L.

　　特征　乔木或灌木，高3～10m或更高。树皮厚，灰色，具不规则浅纵裂。冬芽红褐色，卵形。叶片卵形或广卵形，边缘锯齿粗钝。花腋生，雌雄异株；雄花序下垂，密被白色柔毛，雄花花被椭圆形，淡绿色；雌花序长1～2cm，被毛，花序梗长0.5～1cm，被柔毛，雌花无梗，花被倒卵形，外面边缘被毛，包围子房，柱头2裂。聚合果卵状椭圆形，长1～2.5cm，成熟时红色或暗紫色。花期4～5月，果期5～8月。

　　分布　原产于我国中部和北部，现由东北至西南各地区，西北直至新疆均有栽培。东亚、中亚、欧洲等地有分布。

　　用途　树冠健美，叶苍郁绿浓，果期果实累累，满树通红，鲜艳夺目，适合孤植、列植作园景树或大型盆栽。树皮纤维柔细，可作纺织原料、造纸原料。木材坚硬，可制家具、乐器、雕刻等。果实可酿酒。根皮、果实及枝条入药。叶为养蚕的主要饲料，亦作药用，并可作土农药。

桑科

鹊肾树　桑科鹊肾树属

Streblus asper Lour.

　　特征　乔木或灌木状。树皮深灰色，粗糙。小枝被硬毛，幼时皮孔明显。叶革质；叶片椭圆状倒卵形或椭圆形，先端钝或短尖，全缘或具不规则钝齿，基部楔形或近耳状，两面粗糙；叶柄短或近无柄；托叶小，早落。花雌雄同株或异株。雄花序近头状，单生或成对腋生；花序梗长0.8～1.0cm，表面被细柔毛；雄花近无梗，花丝在花芽时内折，退化雌蕊圆锥状至柱形，顶部有瘤状凸体。雌花具梗，下部有小苞片，顶部有2～3个苞片，花被片4枚，交互对生，被微柔毛；子房球形，花柱在中部以上分枝。果近球形，成熟时黄色，不开裂。花期2～4月，果期5～6月。

　　分布　常生于林内或村寨附近。产于华南和西南地区。东南亚有分布。

　　用途　叶形变化大，可栽于庭园中作为园景树。

苎麻 荨麻科苎麻属

Boehmeria nivea (L.) Gaudich.

特征 半灌木或灌木，高达2m。茎上部与叶柄均密被开展的长硬毛和近开展、贴伏的短糙毛。单叶互生，草质；叶片阔卵形；边缘具粗齿，上面粗糙，下面密生交织白色柔毛；基出脉3条。花单性，雌雄同株，花序圆锥形；雄花黄白色，雌花淡白色。瘦果小，椭圆形，长约0.6mm，光滑，基部突缩成细柄。花果期8～10月。

分布 生于温暖湿润的旷野坡地、路边灌草丛中。产于我国大部分地区。越南、老挝等国有分布。

用途 可丛植于角隅、石旁、林缘等地。全草入药，有清热、解毒、消炎、止血、安胎之功效。

荨麻科

小叶冷水花　透明草　荨麻科冷水花属
Pilea microphylla (L.) Liebm.

　　特征　纤细小草本，无毛。茎铺散或直立，多分枝。叶很小，同对的不等大，倒卵形至匙形，先端钝，基部楔形或渐狭，边缘全缘，稍反曲，上面绿色，下面浅绿色。雌雄同株，偶同序，聚伞花序密集成近头状，具梗，稀近无梗；雄花具梗，花被片卵形，雄蕊4枚；雌花更小，花被片3枚，退化雄蕊不明显。瘦果卵形，长约0.4mm，熟时变褐色，光滑。花期夏秋季，果期秋季。

　　分布　常生长于路边石缝和墙上阴湿处。华南、华中、华东地区有栽培，多逸为野生。原产于南美洲热带，后引入亚洲、非洲热带地区。

　　用途　叶片翠绿美丽的小型盆栽观赏植物。全草入药，有清热解毒之功效，治痈肿疮疡、毒蛇咬伤、水火烫伤、丹毒以及无名肿毒等。

雾水葛　荨麻科雾水葛属

Pouzolzia zeylanica (L.) Benn.

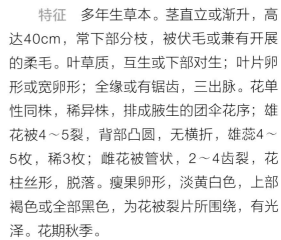

特征　多年生草本。茎直立或渐升，高达40cm，常下部分枝，被伏毛或兼有开展的柔毛。叶草质，互生或下部对生；叶片卵形或宽卵形；全缘或有锯齿，三出脉。花单性同株，稀异株，排成腋生的团伞花序；雄花被4～5裂，背部凸圆，无横折，雄蕊4～5枚，稀3枚；雌花被管状，2～4齿裂，花柱丝形，脱落。瘦果卵形，淡黄白色，上部褐色或全部黑色，为花被裂片所围绕，有光泽。花期秋季。

分布　生于平地的草地上或田边，丘陵或低山的灌丛中或疏林中、沟边。产于长江流域以南诸省。广布于亚洲热带地区。

用途　优良的观赏草本，也可作地被植物。全草入药，有解毒消肿、排脓、清温热之功效，治疮、疽、乳痈、风火牙痛、肠炎、痢疾、尿路感染等。

楝　苦楝、川楝　楝科楝属
Melia azedarach L.

特征　落叶乔木，高达20m。树冠近平顶状，枝条开展、粗壮；幼枝有星状毛，小枝绿色、有叶痕，密生白色皮孔。叶为二至三回奇数羽状复叶；小叶对生，卵形或椭圆形。早春从叶腋抽出圆锥花序；花芳香；花萼5深裂，裂片卵形或长圆状卵形；花瓣淡紫色，倒卵状匙形；雄蕊管紫色，有纵细脉，管口有钻形的狭裂片10枚；花药10枚，着生于裂片内侧；子房近球形，无毛；花柱细长，柱头头状，顶端5齿，不伸出雄蕊管。核果球形至椭圆形。花期4～5月，果期10～12月。

分布　生于低海拔旷野、路旁或疏林中。产于我国黄河以南各地区，目前已广泛栽培。亚洲热带和亚热带地区有分布，温带地区也有栽培。

用途　树冠张开，叶姿优美，果实玲珑可爱，是优良的庭园绿荫树、行道树。用鲜叶可灭钉螺和作农药；用根皮可驱蛔虫和钩虫，但有毒，用时要严遵医嘱；根皮粉调醋可治疥癣，用苦楝子做成油膏可治头癣；果核仁油可供制油漆、润滑油和肥皂。

白簕　三加皮　五加科五加属

Eleutherococcus trifoliatus (L.) S. Y. Hu

Acanthopanax trifoliatus (L.) Merr.

特征　常绿小灌木。茎蔓性，有刺。三出复叶，互生；小叶具有短小叶柄；叶片菱形或椭圆形，叶基锐形，叶尖锐形，叶缘为锯齿缘，叶表面平滑。伞形花序，腋出；花萼较短，5齿裂；花瓣5枚，白色、长椭圆形，先端反卷；雄蕊3～5枚；子房2室，花柱2枚，基部或中部以下合生。浆果，扁球形，先端具略2歧分枝的宿存花柱。花期8～11月，果期9～12月。

分布　生于村落、山坡路旁、林缘和灌丛中。产于我国东南部与中部。印度、东南亚也有分布。

用途　植株清秀，叶色苍翠，宜配植在树丛、林缘。根可入药，有祛风除湿、舒筋活血、消肿解毒之效，治感冒、咳嗽、风湿、坐骨神经痛等症。

五加科

积雪草 伞形科积雪草属
Centella asiatica (L.) Urban

特征 多年生草本。茎匍匐，细长，节上生根。叶片肾形或马蹄形，长1～2.8cm，宽1.5～5cm，有钝锯齿，两面无毛或在背面脉上疏生柔毛；掌状脉5～7条，两面隆起；叶柄长1.5～27cm，基部叶鞘透明，膜质。伞形花序梗2～4个，聚生于叶腋；苞片卵形，膜质；每一伞形花序有花3～4枚，聚集呈头状；花瓣卵形，紫红色或乳白色，膜质。果实两侧扁压，圆球形，基部心形至平截形，每侧有纵棱数条。花果期4～10月。

分布 生于阴湿的草地或水沟边。产于华南、华中、华东、西南等地区。东南亚、东亚、中非和南非（阿扎尼亚）也有分布。

用途 可作地被植物。全草入药，清热利湿、消肿解毒，治痧氖腹痛、暑泻、痢疾、湿热黄疸等。

天胡荽 伞形科天胡荽属
Hydrocotyle sibthorpioides Lam.

特征 多年生草本，有特殊气味。茎细长而匍匐，平铺地上成片，节上生根。叶片膜质至革质，圆形，长0.5～1.5cm，宽0.8～2.5cm，基部心形，两耳偶相接，不分裂或5～7裂，边缘有钝齿，表面光滑；叶柄长0.7～9cm，无毛或顶端有毛；托叶略呈半圆形，薄膜质，全缘或稍有浅裂。伞形花序与叶对生，单生于节上；花序梗纤细，长0.5～3.5cm；小总苞片卵形至卵状披针形，长1～1.5mm，膜质，有黄色透明腺点；小伞形花序有花5～18枚，花瓣卵形，绿白色，有腺点，偶带紫红色。果实心形，两侧扁压，中棱在果熟时极为隆起，幼时表面草黄色，成熟时有紫色斑点。花果期4～9月。

分布 生于湿润的草地、河沟边、林下。产于华南、华中、华东、西南、西北等地区。东南亚、东亚也有分布。

用途 叶形别致，四季青翠，极耐阴，为优良的地被植物，可于庭院栽植或盆栽。全草入药，清热、利尿、消肿、解毒，治黄疸、赤白痢疾、目翳、喉肿、痈疽疔疮、跌打瘀伤。

蜡烛果 桐花树 紫金牛科蜡烛果属
Aegiceras corniculatum (L.) Blanco

特征 灌木或小乔木，高1.5～4m。小枝无毛，褐黑色。叶互生；叶片倒卵形、椭圆形，长3～10cm，宽2～4.5cm，两面密布小窝点；侧脉7～11对。伞形花序生于枝顶，无柄，有花10余朵；花冠白色，钟形。果实圆柱形，弯曲如新月，顶端渐尖，长约6cm，熟后棕褐色。花期12月至翌年1～2月，果期6～11月。

分布 生于海边潮水涨落的污泥滩上。产于华南、华东地区及南海诸岛。印度、东南亚及澳大利亚南部也有分布。

用途 良好的海岸防风、防浪植物。树皮含鞣质，可作提取栲胶原料。

驳骨丹 白背枫 马钱科醉鱼草属
Buddleja asiatica Lour.

特征 直立灌木或小乔木，高1～8m。嫩枝四棱形，老枝圆柱形；幼枝、叶下面和花序密被星状短绒毛。叶对生；叶片膜质至纸质，披针形，长6～30cm，宽1～7cm，全缘或有小锯齿，上面绿色，常无毛，下面淡绿色。总状花序窄而长，由多个小聚伞花序组成，长5～25cm，宽1～2cm，单生或数个聚生于枝顶或上部叶腋，再排成圆锥花序；花冠白色，芳香，偶淡绿色，花冠管圆筒状，直立；雄蕊着生花冠筒喉部；子房无毛，柱头头状。蒴果椭圆形。种子灰褐色，椭圆形，两端具短翅。花期1～10月，果期3～12月。

分布 生于向阳山坡灌木丛中或疏林缘。华南、华中、华北、西南、西北等地区均有分布。广布于世界的热带及亚热带地区。

用途 花香气宜人，枝叶茂盛，是良好的园林绿化灌木。根和叶入药，有驱风化湿、行气活络之功效。

马
钱
科

倒吊笔　夹竹桃科倒吊笔属
Wrightia pubescens R. Br.

特征　乔木，含乳汁，高8～20m。树皮黄灰褐色，浅裂；枝圆柱状，小枝被黄色柔毛，老时毛渐脱落，密生皮孔。叶硬纸质；叶片长圆状披针形、卵圆形或卵状长圆形，顶端短渐尖，基部急尖至钝，长5～10cm，叶面深绿色，被微柔毛，叶背浅绿色，密被柔毛。聚伞花序长约5cm，被柔毛；花冠漏斗形，白色或粉白色，花冠裂片远较花冠筒长，副花冠呈流苏状。蓇葖果2枚，粘生，近线形。花期4～8月，果期8～12月。

分布　散生于低海拔热带雨林和山麓疏林中。产于华南、西南等地区。东南亚、印度及澳大利亚也有分布。

用途　树形美观，可用作园景树和行道树。木材结构细致，材质稍软而轻，适于作上等家具、铅笔杆等用材。叶片可药用，祛风解表、清热解毒，治感冒发热、咽喉肿痛、急慢性气管炎等。

铁草鞋 萝藦科球兰属
Hoya pottsii Traill

特征　攀援灌木，附生于树上。全株除花冠外均光滑。茎蔓生。叶肉质，干后呈厚革质；叶片卵圆形至卵圆状长圆形，先端急尖，基部圆形至近心形，长6～12cm，宽3.5～5.5cm；基脉3条，小脉微纤；叶柄肉质，顶端具有丛生小腺体。聚伞花序伞形状，腋生；花冠白色，喉部红色，直径1cm。蓇葖果线状长圆形，向顶端渐尖，长约11cm，直径8mm，外果皮有黑色斑点。花期4～5月，果期8～10月。

分布　生长于海拔500m以下的低山密林中，附生于大树上。产于华南、华东和西南地区。

用途　花色清雅，花形奇特，极具观赏性，可附植木柱，或吊盆观赏。叶可药用，民间用于接骨、散瘀消肿、拔脓生肌。

伞房花耳草　茜草科耳草属
Hedyotis corymbosa (L.) Lam.

　　特征　一年生、纤弱、蔓生草本。分枝极多，无毛或粗糙。叶膜质或纸质；叶片线形或线状披针形，长0.8～2cm，边缘粗糙，背卷；近无叶柄；托叶膜质，有刺毛。花4数，常2～4朵伞房花序式排列，腋生；总花梗长0.5～1cm；花冠白色或淡红色，筒状，长2～2.5mm，冠筒喉部无毛，花冠裂片短于冠筒；雄蕊生于冠筒内；花柱中部被疏毛。蒴果球形，直径1.2～2mm，有数条不明显纵棱，熟时开裂。花果期4～11月。

　　分布　生于田野或湿润草地。产于西南至东南部。亚洲热带地区、非洲和美洲也有分布。

　　用途　可作地被植物。全草可入药，具清热解毒、利尿消肿和活血止痛之功效，对恶性肿瘤、阑尾炎、肝炎、泌尿系统感染、支气管炎、扁桃体炎均有一定疗效，外用治疮疖、痈肿和毒蛇咬伤。

鸡矢藤 茜草科鸡矢藤属

Paederia foetida L.

Paederia scandens (Lour.) Merr.

特征 藤本。茎长3～5m，无毛或稍有微毛，基部木质化，揉碎有臭味。叶对生，纸质或近革质，叶片形状和大小变异很大，宽卵形至披针形，顶端渐尖；基部楔形、圆形至心形，表面无毛或沿叶脉有毛，背面有短柔毛。聚伞花序在主轴上对称着生，组成大型的圆锥花丛；小苞片披针形，长约2mm；萼管陀螺形；花萼钟状，萼齿三角形；花冠筒长约1cm，外面灰白色，内面紫红色，有茸毛。果实球形，熟时淡黄色。光亮，直径约6mm。花期8月，果期9～10月。

分布 生于山坡、林中、林缘、沟谷边灌丛中或缠绕在灌木上。产于长江流域及以南地区。东南亚和东亚也有分布。

用途 花娇俏可爱，叶形美观，适宜垂直绿化，可于篱墙栏杆、花廊等处配植。全草入药，治风湿筋骨痛、跌打损伤、外伤性疼痛等。

茜草科

阔叶丰花草 茜草科丰花草属

Spermacoce alata Aublet

Borreria latifolia (Aubl.) K. Schum.

　　特征　披散粗壮草本，被毛。茎和枝均为明显的四棱柱形，棱上具狭翅。叶片椭圆形或卵状长圆形，长2～7.5cm，先端锐尖或钝，基部阔楔形且下延，边缘波浪形，鲜时黄绿色，叶面平滑。花数朵丛生于托叶鞘内，无花梗；小苞片略长于花萼；花萼管圆筒形；花冠漏斗形，浅紫色，稀白色，长3～6mm，常具4裂片。蒴果椭圆形，长约3mm，被毛，成熟时从顶部纵裂至基部。种子近椭圆形，两端钝，长约2mm，干后浅褐色或黑褐色，无光泽。花果期5～7月。

　　分布　多见于废墟和荒地上。原产于热带美洲。华南、华东和西南地区有分布，现在亚洲热带和南亚热带地区已逸为野生。

　　用途　可作花境或地被植物。但要小心使用，以防造成生物入侵。

丰花草　茜草科丰花草属

Spermacoce pusilla Wall.
Borreria stricta (L. f.) G. Mey.

　　特征　直立纤细草本，高15～60cm。茎单生，稀分枝，四棱柱形，粗糙，节间延长。叶近无柄，革质；叶片线状长圆形，长2.5～5cm，顶端渐尖，基部渐狭，两面粗糙，干时边缘背卷，鲜时深绿色；托叶顶部具浅红色长于花序的刺毛。花4数，数朵丛生于托叶鞘内，无柄；小苞片线形，透明，长于花萼；萼管长约1mm，基部无毛，上部被毛，萼檐4裂，裂片线状披针形；花冠近漏斗形，白色，顶端微红，长约2.5mm。蒴果长圆形或近倒卵形，长约2mm，成熟时纵裂。花果期10～12月。

　　分布　生于低海拔草地和草坡。产于华南、华东、华中和西南地区。广布于热带非洲和亚洲。

　　用途　可作地被植物。全草可入药，活血祛瘀、消肿解毒，治跌打损伤、骨折、痈疽肿毒、毒蛇咬伤。

菊科

藿香蓟　胜红蓟、臭草　菊科藿香蓟属

Ageratum conyzoides L.

特征　一年生草本。茎直立，高30～70cm，有分枝，疏被白色短粗毛。单叶对生；叶柄长7～26mm；叶片宽卵圆形，长2～6cm，先端钝，基部钝或稍带浅心形，边缘具圆齿，中脉在下面凸起。头状花序排列成稠密的伞房状，顶生或腋生；总苞钟状；花全部管状，淡蓝色或白色。瘦果柱状，具5棱，黑色，顶端具5片膜片状冠毛，上部芒状，基部通常具细齿。花期5～7月。

分布　生于山坡林下、河边或山坡草地、田边。长江流域以南各地区有分布。原产于中南美洲，现已广泛分布于非洲全境、东南亚和印度等地。

用途　宜作花境或地被材料。全草入药，清热解毒、止血、止痛，治感冒发热、咽喉肿痛、咯血、脘腹疼痛、外伤出血、痈肿疮毒、湿疹瘙痒等。

钻叶紫菀　钻形紫菀、瑞连草

菊科紫菀属

Aster subulatus (Michaux) G. L. Nesom

　　特征　一年生草本。茎无毛而富肉质，上部稍有分枝，高25～100cm。基生叶倒披针形，花后凋落；茎中部叶线状披针形，先端尖或钝，有时具钻形尖头，全缘，无柄，无毛。头状花序小排成圆锥状；总苞钟状，总苞片3～4层，外层较短，内层较长，线状钻形，无毛；舌状花细狭，淡红色，长与冠毛相等或稍长；管状花多数，短于冠毛。瘦果长圆形或椭圆形，长1.5～2.5mm，有5纵棱，冠毛淡褐色。花果期9～11月。

　　分布　生于潮湿含盐的土壤等地。产于华南、华中、华东、西南地区。原产于北美，现广布于世界温暖地区。

　　用途　为入侵植物，应该慎重使用。全草入药，清热解毒，治痈肿、湿疹。

菊科

白花鬼针草 菊科鬼针草属

Bidens alba (L.) DC.

特征 一年生草本植物，高30～100cm。全株无毛，茎绿色直立，钝四棱形，节处常带浅紫色。下部叶较小，3裂或不分裂，常在开花前枯萎；中部叶具无翅的柄，三出；叶为羽状复叶，两侧小叶椭圆形或卵状椭圆形，先端锐尖，基部近圆形或阔楔形，顶生小叶长椭圆形或卵状长圆形，先端渐尖，基部渐狭或近圆形。头状花序呈伞形状排列，顶生或腋生，具长梗；总苞绿色，基部有细毛；舌状花白色4～7枚；管状花两性，黄色5裂。瘦果黑色，条形，先端芒刺3～4枚，具倒刺毛。

分布 生于村旁、路边及临野。产于华南、华东、西南及西藏等地。原产于南美洲。

用途 为入侵种，使用时应慎重。全草可药用，清热解毒、利湿退黄，治感冒发热、风湿痹痛、湿热黄疸、痈肿疮疖。

飞机草 菊科飞机草属

Chromolaena odorata (L.) R.M. King et H. Robinson

Eupatorium odoratum L.

特征 丛生型的多年生草本或亚灌木。根茎粗壮；地上茎直立，高达3～7m，分枝伸展。叶对生；叶片卵状三角形，先端短渐尖，边缘有粗锯齿，有明显的三脉，两面粗糙，被柔毛及红褐色腺点，挤碎后有刺激性的气味。头状花序排成伞房状；总苞圆柱状，长1cm，总苞片3～4层；花冠管状，淡黄色。瘦果狭线形，有棱，长5mm，棱上有短硬毛，冠毛污白色，有糙毛。花果期4～12月。

分布 生于低海拔的丘陵地、灌丛中及稀树草原上。产于华南及云南、贵州等地。原产于中美洲，在南美洲、亚洲、非洲热带地区广泛分布。

用途 为入侵植物，使用时应慎重。全草入药，散瘀消肿、解毒、止血，治跌打肿痛、疮疡肿毒、皮炎、外伤出血。

菊科

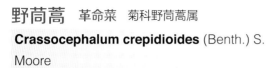

菊科

野茼蒿　革命菜　菊科野茼蒿属

Crassocephalum crepidioides (Benth.) S. Moore

　　特征　一年生高大草本，高50～120cm。茎直立，具纵条纹，光滑无毛，上部多分枝。单叶互生；叶片长圆状椭圆形，长7～12cm，先端渐尖，边缘有重锯齿或有时基部羽状分裂，两面近无毛。头状花序多数，排成圆锥状聚伞花序；总苞圆柱形；花全为筒状两性花，粉红色，花冠顶端5齿裂。瘦果狭圆柱形，赤红色，有纵条，被毛；冠毛丰富，白色。花果期7～12月。

　　分布　生于海拔300～1800m的山坡路旁、水边、灌丛中。产于华南、华中、西南地区及福建等。东南亚和非洲也有分布。

　　用途　可作地被植物。全草入药，有健脾、消肿之功效，治消化不良、脾虚浮肿等症。

鳢肠 墨旱莲 菊科鳢肠属
Eclipta prostrata (L.) L.

菊科

　　特征　一年生草本植物，高15～60cm。茎从基部和上部分枝，直立或匍匐，绿色至红褐色，被伏毛。叶对生，无柄或基部叶具柄，被粗伏毛；叶片长披针形、椭圆状披针形或条状披针形，全缘或具细锯齿。头状花序顶生或腋生；总苞片5～6枚，具毛；边花舌状，全缘或2裂；心花筒状，4个裂片。筒状花的瘦果三棱状，舌状花的瘦果四棱形，表面具瘤状突起，无冠毛。花期7～10月，果期8～9月。

　　分布　生于河边、田边或路旁。产于全国各地。世界热带及亚热带地区广泛分布。

　　用途　可丛植观赏。地上部分入药，滋补肝肾、凉血止血，治肝肾阴虚、牙齿松动、须发早白、眩晕耳鸣、血痢、崩漏下血、外伤出血。

一点红 菊科一点红属

Emilia sonchifolia (L.) Candolle

特征 一年生直立草本，高25～40cm。茎直立或斜升，稍弯，常自基部分枝，灰绿色，无毛或被疏短毛。叶背面常为紫红色，常无柄而多少抱茎，质较厚，位于下部的长5～10cm，大头羽状分裂，边缘有不规则的钝齿，上部叶较小，常为卵状披针形，很少分裂。头状花序直径10～14mm，有长梗；苞片绿色，约与花冠等长；花冠紫色。瘦果长约2.5mm，圆柱形，有棱，肋间被微毛；冠毛白色，柔软，长约8mm。花果期7～10月。

分布 常生于海拔800～2100m的山坡荒地、田埂、路旁。产于华南、华中、华东和西南地区。亚洲热带、亚热带和非洲广布。

用途 良好的地被植物。全草入药，清热解毒、散瘀消肿，治咽喉肿痛、口腔溃疡、肺炎、急性肠炎、睾丸炎、乳腺炎、跌打扭伤。

球菊 鹅不食草 菊科球菊属

Epaltes australis Less.

特征 多年生草本，高20～30cm。茎被稀疏的蛛丝状毛。基生叶多数，长椭圆形或宽线形，长10～12cm，宽1～1.5cm；茎生叶少数，线形；全部叶两面异色，上面绿色，被稠密的糠秕状短糙毛，下面灰白色，被蛛丝状薄绒毛。头状花序单生茎端；总苞球形，白色或灰白色，被稠密膨松的长绵毛；总苞片5～6层，钻状长三角形或钻状长披针形；小花紫红色，花冠长约1.6cm，外面无腺点。瘦果褐色，倒圆锥状，基底着生面平，顶端有果缘。花果期8月。

分布 生于旷野上。产于华南、福建、台湾及云南。印度、东南亚至澳大利亚也有分布。

用途 可作地被植物或小型盆景。

菊科

菊芹　菊科菊芹属

Erechtites valerianaefolia (Wolf.) DC.

特征　一年生草本，高30～80cm。茎直立，近无毛。叶片长圆形或椭圆形，基部斜楔形，边缘有重锯齿或羽状深裂，裂片6～8对，披针形，叶脉羽状，两面无毛；叶柄具下延窄翅；上部叶与中部叶相似，渐小。头状花序排成较密集伞房状圆锥花序，具线形小苞片；总苞圆柱状钟形，总苞片12～14枚，线形，长7～8mm，具4～5脉；小花多数，淡黄紫色，外围小花1～2层，花冠丝状。瘦果圆柱形，具淡褐色细肋，无毛或被微柔毛；冠毛多层，淡红色。

分布　生于山坡、田边和路旁。主要产于华南地区和台湾。原产于南美洲。

用途　嫩茎叶可食用，具有清凉退热、明目等功效。

一年蓬　加拿大飞蓬　菊科飞蓬属
Erigeron annuus (L.) Pers.

特征　一年生或二年生草本，高30～100cm。茎直立，茎叶都有伏毛。基生叶卵形或卵状披针形，长4～15cm，顶端尖或钝，基部窄狭成翼柄，边缘有粗齿；茎生叶披针形或线状披针形，长1～9cm，顶端尖，边缘齿裂；上部叶多为线形，全缘；叶缘有缘毛。头状花序直径约1.5cm，排成伞房状或圆锥状；外围的雌花舌状，明显，2至数层，舌片线形，白色或略带紫蓝色；中央的两性花管状，黄色。瘦果披针形，扁压，被疏贴柔毛；冠毛异型。花果期5～10月。

分布　常生于路边旷野或山坡荒地。广泛分布于华南、华中、华东、西南和河北、山东、吉林等地。原产于北美洲。

用途　可丛植观赏。全草入药，消食止泻、清热解毒、截疟，治消化不良、胃肠炎、齿龈炎、疟疾、毒蛇咬伤。

菊科

菊科

香丝草　菊科飞蓬属

Erigeron bonariensis L.

Conyza bonariensis (L.) Cronq.

特征　一年生或二年生草本，高20～50cm。茎直立或斜升，密被贴短毛。基部叶花期常枯萎；下部叶倒披针形或长圆状披针形，顶端尖或稍钝，基部渐狭成长柄；中部和上部叶具短柄或无柄，狭披针形或线形，两面均密被贴糙毛。头状花序多数，在茎端排列成总状或总状圆锥花序；总苞椭圆状卵形，总苞片2～3层，背面密被灰白色短糙毛；雌花多层，白色，花冠细管状；两性花淡黄色，花冠管状。瘦果线状披针形，被疏短毛；冠毛淡红褐色。花期5～10月。

分布　生于路边、田野及山坡草地。产于华南、华中、华东和西南等地区。原产于南美洲，现广泛分布于热带及亚热带地区。

用途　全草入药，清热解毒、除湿止痛、止血，治感冒、疟疾、风湿性关节炎、疮疡脓肿、外伤出血。

匙叶鼠麹草　菊科鼠麹草属
Gamochaeta pensylvanica (Willd.) Cabrera
Gnaphalium pensylvanicum Willd.

　　特征　一年生草本，高30～45cm。茎直立或斜升，被白色绵毛。下部叶无柄，倒披针形或匙形，基部长渐狭，顶端钝圆，两面有毛；中部叶倒卵状长圆形或匙状长圆形，顶端钝圆或中脉延伸呈刺尖状；上部叶小，与中部叶同形。头状花序多数，数个成束簇生，再排列成顶生或腋生、紧密的穗状花序；总苞卵形，总苞片2层，膜质，背面被绵毛；雌花多数，花冠丝状；两性花少数，花冠管状。瘦果长圆形，有乳头状凸起；冠毛绢毛状。花期12月至翌年5月。

　　分布　常见于篱园或耕地上。广泛产于华南、华东地区和江西、湖南、云南、四川各省份。美洲南部、非洲南部、澳大利亚及亚洲热带地区也有分布。

　　用途　全草入药，清热解毒、宣肺平喘，治感冒、风湿关节痛。

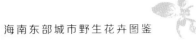

翅果菊 菊科莴苣属

Lactuca indica L.

Pterocypsela indica (L.) Shih

特征 一年生或二年生草本，高0.4～2m，全部茎枝、叶无毛。叶形变化大，全部茎叶线形，中部茎叶长达21cm或过之，宽0.5～1cm，边缘全缘，或仅基部、中部以下两侧边缘有小尖头或疏齿，或全部茎叶线状长椭圆形、长椭圆形或倒披针状长椭圆形，中下部茎叶长13～22cm，宽1.5～3cm，边缘有疏齿或几全缘，或全部茎叶椭圆形，中下部茎叶长15～20cm，宽6～8cm，边缘有三角形锯齿或偏斜卵状大齿。头状花序果期卵球形，于枝端排成圆锥花序或总状圆锥花序；总苞片4层，外层卵形或长卵形，中内层长披针或线状披针形，全部苞片边缘紫红色；舌状小花25枚，黄色。瘦果椭圆形，黑色，压扁，有宽翅；冠毛2层，白色。花果期4～11月。

分布 生于林缘、灌丛中、草地上或田间。产于华中、华东、华北地区及广东、海南、吉林。俄罗斯、日本、菲律宾、印度尼西亚及印度也有分布。

用途 可用于花境布置。

匐枝栓果菊 蔓茎栓果菊 菊科栓果菊属

Launaea sarmentosa (Willd.) Kuntze

特征 多年生匍匐草本，具乳汁。根木质，圆柱形。基生叶多数，莲座状，长3～8cm，倒披针形，羽状浅裂或稍大头羽状浅裂，或边缘浅波状锯齿；匍茎上的叶莲座状，生匍茎节上；全部叶向基部渐狭成短翼柄或无柄，两面无毛。头状花序单生于基生叶或匍茎节上的莲座状叶丛中，直径约1.5cm，全由舌状花组成；总苞圆柱状，总苞片3～4层；舌状花黄色，先端有5细齿。瘦果钝圆柱状，浅青褐色，有横皱纹；冠毛白色，纤细。花果期6～12月。

分布 生于海滨沙地、空旷处。产于广东及海南。非洲西部、中南半岛和斯里兰卡、印度、埃及也有分布。

用途 可作热带地区沙滩地被植物及盆栽悬吊材料。

微甘菊　菊科假泽兰属
Mikania micrantha Kunth

特征　多年生草本植物或灌木状攀援藤本，平滑至具多柔毛。茎圆柱状，偶管状，具棱。叶片薄，淡绿色，卵心形或戟形，渐尖；茎生叶大多箭形或戟形，具深凹刻，近全缘至粗波状齿，长4～13cm，宽2～9cm。头状花序组成圆锥花序，顶生或侧生；花冠白色，喉部钟状，具长小齿，弯曲。瘦果黑色，表面分散有粒状凸起物；冠毛鲜时白色。

分布　生于荒地。华南、华东、西南和湖南等地均有分布。原产于南美洲和中美洲，现已广泛传播到亚洲热带地区。

用途　为入侵植物，使用时应慎重。

银胶菊 <small>菊科银胶菊属</small>

Parthenium hysterophorus L.

特征　一年生草本，高0.6～1m。茎直立，多分枝，具条纹，被短柔毛。下部和中部叶二回羽状深裂，全形卵形或椭圆形，连叶柄长10～19cm，上面疏被疣基糙毛，下面被较密的柔毛；上部叶无柄，羽裂，裂片线状长圆形，全缘或具齿，或指状3裂。头状花序排成伞房花序；舌状花5枚，白色，舌片卵形或卵圆形，先端2裂；管状花多数，檐部4浅裂，裂片短尖或短渐尖，具乳头状凸起。雌花瘦果倒卵形，基部渐尖，干时黑色，被疏腺点；冠毛鳞片状，长圆形。花期4～10月。

分布　生于旷地、路旁、河边及坡地。产于华南地区、贵州及云南等地。原产于美国德克萨斯州及墨西哥北部，现广泛分布全球热带地区。

用途　可作地被植物，但注意防止其恶性蔓延。

阔苞菊 菊科阔苞菊属
Pluchea indica (L.) Less.

特征 灌木,高2～3m。茎直立,分枝或上部多分枝,有明显细沟纹。下部叶无柄或近无柄,倒卵形或阔倒卵形,长5～7cm,基部渐狭成楔形,顶端浑圆、钝或短尖;中部和上部叶无柄,倒卵形或倒卵状长圆形,长2.5～4.5cm,基部楔尖,顶端钝或浑圆。头状花序直径3～5mm,在茎枝顶端作伞房花序排列;总苞卵形或钟形,总苞片5～6层;雌花多层,花冠丝状,檐部3～4齿裂;两性花较少,花冠管状,顶端5浅裂。瘦果圆柱形,有4棱,被疏毛;冠毛白色。花期全年。

分布 生于海滨沙地或近潮水的空旷地。产于台湾和南部各省沿海一带及其一些岛屿。东南亚和印度、中南半岛也有分布。

用途 可盆栽观赏,也可配植于花基、花坛等。

翼茎阔苞菊　菊科阔苞菊属

Pluchea sagittalis (Lam.) Cabrera

特征　草本植物，高1～1.5m，全株具浓厚的芳香气味。茎直立，枝条密被绒毛。叶互生；叶片披针形或阔披针形，两面疏被腺毛，顶端尖，边缘具锯齿，基部下延至茎，无柄。头状花序盘状，具异形小花，直径7～8mm，具花梗，顶生呈复伞房花序或腋生呈伞房花序状；总苞半球形，苞片棕绿色；外层雌花多数，花冠白色；中央两性花50～60枚，花冠白色，顶端渐紫。瘦果褐色，圆柱形。花果期3～10月。

分布　生于海边湿润肥沃的沙土或草地上。原产于南美洲，美国东南沿海及中国广东、海南、台湾有逸生。

用途　传统药用植物，用来治疗消化系统疾病，也具有良好的抗炎和抗老化作用。

菊科

菊科

假臭草　菊科假臭草属
Praxelis clematidea Cassini

特征　一年生草本植物，高0.4～1m。全株被长柔毛。茎直立，多分枝。叶对生；叶片长2.5～6cm，宽1～4cm，卵圆形至菱形，具腺点，边缘齿状，先端急尖，基部圆楔形，具3脉，揉搓叶片可闻到类似猫尿的刺激性味道；叶柄长0.3～1.6cm。头状花序生于茎、枝端；总苞钟形，总苞片4～5层，小花25～30朵，藏蓝色或淡紫色。瘦果黑色，条状，具3～4棱；冠毛白色。花果期全年。

分布　生于荒地、荒坡、滩涂、林地、果园等地区。华南和福建、台湾等地广泛分布。原产于南美洲，目前分布于东半球热带地区。

用途　可作地被植物，但要适当进行控制。

苦苣菜　菊科苦苣菜属
Sonchus oleraceus L.

特征　一年生或二年生草本，高40～150cm。茎直立，有纵条棱或条纹，茎枝光滑无毛。基生叶长椭圆形或倒披针形，基部渐狭成长或短翼柄；中下部茎叶椭圆形或倒披针形，基部急狭成翼柄；全部叶或裂片边缘具大小不等的锯齿，两面光滑毛，质地薄。头状花序少数，在茎枝顶端排列成紧密的伞房花序，或排列成总状花序，或单生茎枝顶端；总苞宽钟状，总苞片3～4层，覆瓦状排列；舌状小花多数，黄色。瘦果褐色，长椭圆形或长椭圆状倒披针形；冠毛白色，单毛状。花果期5～12月。

分布　生于山坡或山谷林缘、林下或平地田间、空旷处或近水处。产于华中、华北、华东、西南、西北和辽宁、广西、海南地区。几乎遍布全球。

用途　全草入药，有祛湿、清热解毒之功效。

菊科

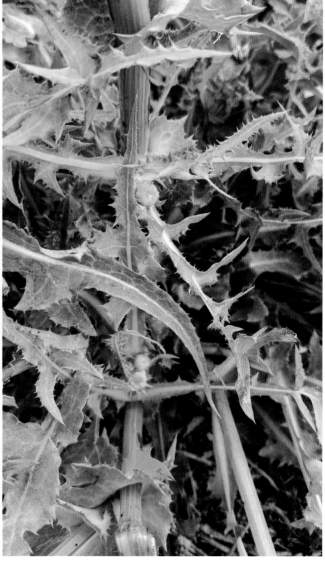

金腰箭　菊科金腰箭属
Synedrella nodiflora (L.) Gaertn.

　　特征　一年生草本，高30～70cm，常分枝。叶对生；叶片卵形，长7～13cm，顶端急尖，基部急狭成叶柄，有3主脉，边缘有小齿，上面粗糙，被伏毛。头状花序小，直径约7mm，数个聚生于叶腋；总苞片卵形或矩圆形，数枚；花异型，外围花舌状，雌性，1～2层，黄色，舌片2～3齿裂；中央的花两性，少数，筒状，4齿裂。舌状花的瘦果扁平，有2翅，筒状花的瘦果扁平或三角形。花期6～10月。

　　分布　生于旷野、耕地、路旁及宅旁。产于华南和西南各地区；原产于美洲，现广布于世界热带和亚热带地区。

　　用途　可作荒地恢复植物。全草入药，清热透疹、解毒消肿，治感冒发热、痈疹、疮痈肿毒。

羽芒菊　菊科羽芒菊属
Tridax procumbens L.

特征　多年生草本。茎纤细，平卧，被倒向糙毛或脱毛。基部叶略小，花期凋萎；中部叶片披针形或卵状披针形，基部渐狭或几近楔形，顶端披针状渐尖；上部叶小，卵状披针形至狭披针形，具短柄，基部近楔形，顶端短尖至渐尖。头状花序单生于长10～20cm的长梗上；总苞片少数，外面2层不等大，草质，卵圆形，顶端渐尖；边花舌状，1层，雌性；盘花筒状，多数，两性。瘦果陀螺形，干时黑色，密被疏毛；冠毛羽毛状。花期11月至翌年3月。

分布　生于低海拔旷野、荒地、坡地以及路旁阳处。产于华南和台湾地区。印度、中南半岛、印度尼西亚及美洲热带地区也有分布。

用途　适合丛植于草地、花境或花坛中。含有较多的碳水化合物、粗蛋白质和粗纤维，有较高的饲用价值。

菊科

菊科

夜香牛 伤寒草 菊科斑鸠菊属

Vernonia cinerea (L.) Less.

特征 一年生或多年生草本，高20～80cm。茎直立，有纵条纹，被灰色贴生短柔毛，具腺。叶互生；叶片条形、披针形或菱形，顶端钝或短渐尖，基部渐狭成楔形，边缘有浅齿，少有近全缘，两面有贴伏短毛，均有腺点，叶柄短。头状花序15～20个，在枝顶上排成伞房状圆锥花序；总苞片4层，绿色或有时变紫色，背面被短柔毛和腺；花淡红紫色，花冠管状，顶端截形，基部缩小，被疏短微毛，具腺。瘦果圆柱形，被密短毛和腺点；冠毛白色。花果期全年。

分布 生于山坡旷野、荒地、田边、路旁。产于华南、华中、华东和西南等地区。东南亚、非洲、澳大利亚和印度也有分布。

用途 可用作地被或丛植观赏。全草或根入药，疏风清热、除湿、解毒，治感冒发热、咳嗽、湿热腹泻、白带过多、乳腺炎、鼻炎、毒蛇咬伤。

黄鹌菜 菊科黄鹌菜属
Youngia japonica (L.) DC.

特征 一年生草本，高10～100cm。茎直立，单生或少数茎成簇生，下部被稀疏短毛。基生叶丛生，倒披针形，琴状或羽状半裂，长8～14cm，顶裂片较侧裂片稍大，侧裂片向下渐小，有深波状齿，叶柄常具翅或有不明显的翅；茎生叶少数，常1～2片；全部叶及叶柄被皱波状长或短柔毛。头状花序含10～20枚舌状小花，排成聚伞状圆锥花序；舌状花黄色，花冠管外面有短柔毛。瘦果红棕色或褐色，纺锤形，顶端无喙；冠毛白色，糙毛状。花果期4～10月。

分布 生于山谷、林下、沼泽地、田间与荒地。产于华南、华中、华东、西南和北京、陕西等地区。东亚和东南亚、印度也有分布。

用途 可作地被植物或丛植观赏。全草或根入药，清热解毒、利尿消肿，治感冒、咽痛、毒蛇咬伤、痢疾、肝硬化腹水、急性肾炎、血尿、风湿关节炎。

车前 车前科车前属
Plantago asiatica L.

车前科

特征 二年生或多年生草本。须根多数。根状茎短。叶基生，莲座状，薄纸质或纸质；叶柄基部扩大成鞘状；叶片宽卵形至宽椭圆形，长4～12cm，宽2.5～6.5cm，先端钝圆至急尖，边缘波状、全缘或中部以下有锯齿，基部常下延，两面疏生短柔毛；弧形脉5～7条。穗状花序3～10个，细圆柱状，长3～40cm，紧密或稀疏；苞片狭卵状三角形或三角状披针形；花具短梗；花萼4裂；花冠白色，4裂，裂片狭三角形；雄蕊4枚。蒴果卵形。种子黑褐色至黑色。花期4～8月，果期6～9月。

分布 生于草地、田边或村边空旷处。我国广泛分布。俄罗斯、朝鲜、日本、尼泊尔、马来西亚、印度尼西亚也有分布。

用途 可植于林缘、花境。全草入药，清热祛痰、利尿通淋、凉血解毒，治热淋涩痛、水肿尿少、痰热咳嗽、痈肿疮毒等；种子入药，清热明目、利尿通淋、渗湿止泻，治热淋涩痛、水肿胀满、暑湿泄泻、目赤肿痛等。

半边莲 桔梗科半边莲属
Lobelia chinensis Lour.

特征 多年生草本，高6～15cm，有白色乳汁。茎细弱，匍匐，在节上生根，分枝直立，无毛。叶互生，无柄或近无柄；叶片椭圆状披针形至条形，长8～25cm，先端急尖，基部圆形至阔楔形，全缘或顶部有明显的锯齿，无毛。花常1朵，生于分枝上部叶腋；花萼筒倒长锥状，基部渐细而与花梗无明显区分；花冠粉红色或白色，长10～15mm。蒴果顶端2瓣开裂，倒锥状，长约6mm。种子椭圆形，近肉色。花果期5～10月。

分布 生于水田边、沟边及潮湿草地上。产于长江中下游及以南各地区。印度以东的亚洲其他各国也有。

用途 可用作平地丘陵的地被植物，也可作花坛、花境的镶边材料。全草入药，清热解毒、利尿消肿，治痈肿疔疮、蛇虫咬伤、臌胀水肿、湿热黄疸、湿疹湿疮。

桔梗科

草海桐 草海桐科草海桐属

Scaevola taccada (Gaertn.) Roxb.

Scaevola sericea Vahl

特征 灌木，或为小乔木，高可达7m。枝中空，叶腋里密生一簇白色须毛。单叶，螺旋状排列，多聚生枝顶，稍肉质；叶片倒卵形至匙形，长10～22cm，顶端圆钝、平截或微凹，全缘，偶边缘波状。聚伞花序腋生；苞片和小苞片腋间有一簇长须毛；花萼筒部倒卵状，裂片条状披针形；花冠白色或淡黄色，长约2cm，筒部细长，开裂至基部，内侧密被白色长毛，裂片披针形，边缘疏生缘毛。核果卵球状，白色。花果期4～12月。

分布 多生于岩石上、海边。产于华南地区、台湾及南海诸岛。东南亚、日本、澳大利亚也有分布。

用途 可作海岸固沙防潮树种。

大尾摇 紫草科天芥菜属

Heliotropium indicum L.

特征　一年生草本，高20～50cm。茎粗壮，多分枝，被开展的糙伏毛。叶互生或近对生；叶片卵形或椭圆形，长3～9cm，先端尖，基部圆形或截形，叶缘微波状或波状。镰状聚伞花序长5～15cm；花冠浅蓝色或蓝紫色，高脚碟状，长3～4mm，裂片小，近圆形。核果无毛或近无毛，具肋棱，长3～3.5mm，深2裂。花果期4～10月。

分布　生于丘陵、路边、河沿及空旷之荒草地。产于我国南部至东部。热带和温带地区也有分布。

用途　可植于林缘、花境，也可盆栽观赏。全草入药，有消肿解毒、排脓止疼之效，治肺炎、多发性疖肿、睾丸炎及口腔糜烂等症。

紫草科

苦蘵 茄科酸浆属

Physalis angulata L.

特征 一年生草本，被疏短柔毛或近无毛，高30～50cm。茎多分枝，分枝纤细。叶片卵形，顶端渐尖或急尖，基部楔形，全缘或有不等大的牙齿，两面近无毛。花梗长5～12mm，纤细，生短柔毛；花萼长4～5mm，5中裂，裂片披针形，生缘毛；花冠淡黄色，喉部常有紫色斑纹，长4～6mm，直径6～8mm；花药蓝紫色，长约1.5mm。果萼卵球状，直径1.5～2.5cm，薄纸质；浆果直径约1.2cm。种子圆盘状，长约2mm。花果期5～12月。

分布 常生于山谷林下及村边路旁。产于华南、华东、华中及西南地区。日本、印度、澳大利亚和美洲也有分布。

用途 可作地被植物。以果、根或全草入药，清热解毒、消肿利尿，治咽喉肿痛、腮腺炎、急慢性气管炎、肺脓疡、痢疾、睾丸炎等。

少花龙葵　白花菜　茄科茄属

Solanum americanum Miller

Solanum photeinocarpum Nakamura et Odashima

　　特征　纤弱草本，高约1m。茎无毛或近于无毛。叶薄；叶片卵形至卵状长圆形，长4～8cm，宽2～4cm，先端渐尖，基部楔形下延至叶柄而成翅，叶缘近全缘，波状或有不规则的粗齿，两面均具疏柔毛；叶柄纤细，长约1～2cm，具疏柔毛。花序近伞形，腋外生，纤细，着生1～6朵花；花小，直径约7mm；萼绿色，5裂达中部，裂片卵形，先端钝，长约1mm，具缘毛；花冠白色，筒部隐于萼内，冠檐5裂，裂片卵状披针形。浆果球状，幼时绿色，成熟后黑色。几乎全年均开花结果。

　　分布　常生于溪边、密林阴湿处或林边荒地。产于华南、华中、西南等地区。马来群岛也有分布。

　　用途　可作地被植物。叶可供蔬食，有清凉散热之功效，可兼治喉痛。果实可入药，主要功效为清热利湿、凉血解毒。

茄科

海南茄 茄科茄属
Solanum procumbens Lour.

特征 灌木，高1～2m，直立或平卧。茎多分枝，小枝无毛，具黄土色基部宽扁的倒钩刺，褐黄色。叶片卵形至长圆形，长2～6cm，宽1.5～3cm，先端钝，基部楔形或圆形，具星状绒毛，中脉明显，在两面均着生1～4枚小尖刺。蝎尾状花序顶生或腋外生；花梗纤细，长4～10mm；花萼杯状，4裂，裂片三角形，在两面先端均被有星状绒毛；花冠淡紫红色，花冠筒长约1.5mm，外面被星状绒毛；雄蕊4枚；子房球形，顶端被星状毛，花柱长约7mm，先端2裂。浆果球形，光亮，宿存萼向外反折。花期春夏间，果期秋冬季。

分布 生于海拔300m左右的灌木丛中或林下。产于华南地区。越南、老挝也有分布。

用途 可作地被植物。以根入药，凉血散瘀，消肿止痛，主治急性扁桃体炎、咽喉炎。

水茄 茄科茄属
Solanum torvum Swartz

特征　灌木，高1～2m。小枝、叶及花序均被淡褐色星状毛；小枝疏生基部宽扁的皮刺，皮刺淡黄色。叶单生或双生；叶片卵形或椭圆形，长6～12cm，先端尖，基部心形或楔形，两侧不对称，边缘半裂或作波状，裂片常5～7片，上面绿色，下面灰绿色。伞房花序腋外生，毛被厚；总花梗长1～1.5cm，花梗长5～10mm，被腺毛及星状毛；花萼杯状，外面被星状毛及腺毛，先端5裂，裂片卵状长圆形；花冠辐形，白色，直径约1.5cm；子房卵形，光滑，柱头截形。浆果球形，光滑无毛，直径1～1.5cm，熟时黄色。几乎全年开花结果。

分布　生于热带地方的路旁、荒地、灌木丛中，沟谷及村庄附近等潮湿地方。产于华南和西南地区。亚洲及美洲热带地区也有分布。

用途　花白色，几乎全年开花；浆果球形，熟时黄色，为良好的观花观果花卉。可盆栽观赏。果实可明目，叶可治疮毒。嫩果煮熟可供蔬食。

茄科

野茄 茄科茄属

Solanum undatum Lam.

Solanum coagulans Forsk.

　　特征　草本至亚灌木，高可达2m。小枝具黄色微弯的皮刺。叶二型，具柄；叶片卵形至卵状椭圆形，长5～14.5cm，常5～7浅波状圆裂，裂片短，中脉两面具直刺。蝎尾状花序腋生，长约2.5cm，顶端花不育；花梗单生，被星状绒毛及皮刺；花冠紫蓝色，稀淡红色，长约1.8cm，冠管短，具5裂片；雄蕊4～5枚，长约5mm。浆果球形，直径约3cm，熟时黄色。花期夏季，果期秋冬季。

　　分布　生于灌木丛或缓坡地带。产于华南、华东和西南地区。菲律宾、日本也有分布。

　　用途　花颇具观赏价值，适合作庭园栽植或盆栽观赏。根可入药，有消炎、抗病毒作用。

马蹄金　旋花科马蹄金属

Dichondra micrantha Urban

Dichondra repens Forst.

特征　多年生匍匐性草本。茎细长，被灰色短柔毛，节上生根。叶片肾形至圆形，先端宽圆形或微缺，基部阔心形，全缘，具长柄。花单生于叶腋；花冠钟状，黄色，深5裂；雄蕊5枚，着生于花冠2裂片间弯缺处，花丝短，等长；子房被疏柔毛，2室，具4枚胚珠，花柱2枚，柱头头状。小蒴果近球形，小，短于花萼，膜质。种子1～2，黄色至褐色。花果期春夏季。

分布　生于山坡草地、路旁或沟边。我国长江以南地区及台湾均有分布。广布于热带及亚热带地区。

用途　可作地被植物。全草入药，有清热利尿、祛风止痛、止血生肌、消炎解毒、杀虫之功效，可治急慢性肝炎、黄疸型肝炎、胆囊炎、肾炎、泌尿系感染、扁桃腺炎、口腔炎及痈疔疔毒、毒蛇咬伤、乳痈、痢疾、疟疾等。

旋花科

五爪金龙 旋花科番薯属
Ipomoea cairica (L.) Sweet

旋花科

特征 多年生草质藤本。茎细长，有细棱，常有小瘤体。叶掌状5全裂，裂片卵形。聚伞花序腋生，有花1至数朵；苞片及小苞片均小，鳞片状，早落；花梗长0.5～2cm，偶具小疣状突起；花冠漏斗状，紫红色、紫色或淡红色，偶白色；雄蕊不等长，花丝基部稍扩大，下延贴生于花冠管基部以上，被毛；子房无毛，花柱纤细，长于雄蕊，柱头2枚，球形。蒴果近球形，4瓣裂。种子黑色，边缘被褐色柔毛。花果期夏秋季。

分布 生于平地、山坡，生长于向阳处。我国南部各省份均有分布。原产于非洲和亚洲热带地区，现已广泛栽培或归化于全热带地区。

用途 为常见的垂直攀援绿化材料，覆盖墙垣、竹篱、小棚架或阳台效果好。块根入药，外敷治毒疮，有清热解毒之效；在广西用叶治痈疮，用果治跌打损伤。

牵牛　旋花科番薯属

Ipomoea nil (L.) Roth

Pharbitis nil (L.) Choisy

特征　一年生草质藤本，全株有刺毛。茎细长，缠绕，多分枝。叶片心形，常3裂至中部，中间裂片长卵圆形而渐尖，两侧裂片底部宽圆，具掌状叶脉。花序有花1～3朵；花冠漏斗形，长5～7cm，蓝色或淡紫色，管部白色；子房无毛，柱头头状。蒴果球形，3瓣裂。种子5～6粒，卵状三棱形，黑褐色或米黄色。花期7～9月。

分布　生于山坡灌丛、干燥河谷路边、园边宅旁、山地路边。我国除西北和东北的一些省份外，大部分地区都有分布。原产于热带美洲，现世界各地均有栽培或逸为野生。

用途　良好的观花藤本，适宜用于花篱、藤架、栅栏、门廊等种植，形成绿色花墙。种子入药，有泻水利尿、逐痰、杀虫的功效。

小心叶薯　旋花科番薯属

Ipomoea obscura (L.) Ker Gawl.

旋花科

特征　缠绕藤本。茎纤细，圆柱形，有细棱。叶片心状圆形或心状卵形，偶肾形，顶端骤尖或锐尖，具小尖头，基部心形，全缘或微波状；叶柄细长，长1.5～3.5cm，被开展的或疏或密的短柔毛。聚伞花序腋生；花序梗纤细；苞片小，钻状，长1.5mm；花梗长0.8～2cm，近无毛，结果时顶端膨大；萼片近等长，椭圆状卵形，长4～5mm，顶端具小短尖头；花冠漏斗状，白色或淡黄色，花冠管基部深紫色；雄蕊及花柱内藏。蒴果圆锥状卵形或近于球形，顶端有锥尖状的花柱基，2室，4瓣裂。种子4，黑褐色，密被灰褐色短茸毛。花果期6～12月。

分布　生于旷野沙地、海边、疏林或灌丛。产于华南、西南地区。分布于热带非洲、马斯克林群岛、热带亚洲。

用途　良好的园林观花藤本，可用于花篱、棚架、花廊美化。

厚藤 旋花科番薯属

Ipomoea pes-caprae (L.) R. Brown

特征　多年生草质藤本，全株无毛。茎平卧。叶厚纸质；叶片卵形，背面近基部中脉两侧各有一枚腺体，叶色浓绿。多歧聚伞花序，腋生；花冠紫色或深红色，呈漏斗状。蒴果球形，果皮革质，4瓣裂。种子三棱状圆形，密被褐色茸毛。几乎全年开花，尤以夏天为盛；果熟期夏秋季。

分布　多生长在沙滩上及路边向阳处。产于华南、华东地区。广布于热带沿海地区。

用途　适合作海滩固沙或覆盖植物，也可用于海滨公园的绿化造景。全草入药，有祛风除湿、拔毒消肿之效，治风湿性腰腿痛、腰肌劳损、疮疖肿痛等。

虎掌藤　虎脚牵牛　旋花科番薯属
Ipomoea pes-tigridis L.

　　特征　一年生缠绕草质藤本。茎具细棱，被开展的灰白色硬毛。叶片轮廓近圆形或横向椭圆形，深裂，裂片椭圆形或长椭圆形，顶端钝圆、锐尖至渐尖，有小短尖头，基部收缢，两面被疏长微硬毛。聚伞花序有数朵花，密集成头状，腋生；具明显的总苞，外层苞片长圆形，长2～2.5cm，内层苞片较小，卵状披针形；近无花梗；萼片披针形，外萼片长1～1.4cm，内萼片较短小，两面均被长硬毛，外面的更长；雄蕊花柱内藏。蒴果卵球形，2室。种子4，椭圆形，长4mm，表面被灰白色短绒毛。

　　分布　生于河谷灌丛、路旁或海边沙地。产于华南、西南地区。分布于热带亚洲、非洲及中南太平洋的波利尼西亚。

　　用途　良好的园林观花藤本，可用于花篱、棚架、花廊布置。根入药，有泻下通便的功效，治疗肠道积滞、大便秘结。

三裂叶薯 旋花科番薯属
Ipomoea triloba L.

特征 一年生柔弱草质藤本。茎缠绕或有时平卧。叶片阔卵形，全缘或稍3裂，基部阔心形。花序腋生；花序梗粗壮；1朵花或少数至数朵花成伞形状聚伞花序；花冠漏斗状，淡红色或淡紫红色。蒴果近球形，4瓣裂。种子长3.5mm。

分布 生于丘陵路旁、荒地或田野。我国各地有见栽培或逸为野生。原产于热带美洲，现已成为热带地区的杂草。

用途 良好的园林观花藤本，可用于花篱、棚架、花廊布置。

旋花科

篱栏网　鱼黄草　旋花科鱼黄草属

Merremia hederacea (N. L. Burman) H. Hallier

特征　缠绕或匍匐草质藤本，匍匐时下部茎上生须根。茎细长，有细棱，无毛或疏生长硬毛。叶片心状卵形，顶端钝，具小短尖头，基部心形或深凹，全缘。聚伞花序腋生，有3～5朵花，或花更多，或偶为单生；小苞片早落；萼片宽倒卵状匙形；花冠黄色，钟状，长0.8cm，外面无毛，内面近基部具长柔毛；雄蕊与花冠近等长，花丝下部扩大；子房球形，花柱与花冠近等长，柱头球形。蒴果扁球形或宽圆锥形，4瓣裂，果瓣有皱纹，内含种子4枚。种子三棱状球形，长3.5mm，表面被锈色短柔毛。花期9～11月。

分布　生于灌丛或路旁草丛。产于华南、华中和西南地区。分布于热带非洲、热带亚洲和马斯克林群岛。

用途　良好的园林观花藤本，可用于花篱、棚架、花廊布置。全草及种子入药，有消炎、清热解毒、利咽喉的功效，治外感发热、咽喉肿痛。

掌叶鱼黄草 旋花科鱼黄草属
Merremia vitifolia (N. L. Burman) H. Hallier

特征　缠绕或平卧草质藤本。茎带紫色，老时具条纹。叶片近圆形，长5～15cm，基部心形，常掌状5裂，偶3或7裂。聚伞花序腋生，有1～3朵或数朵花；花冠黄色，漏斗状，长2.5～5.5cm。蒴果近球形，高约1.2cm。种子三棱状卵形，黑褐色。花期2月。

分布　生于路旁、灌丛或林中。产于华南、西南地区。东南亚、南亚有分布。

用途　叶形多变，花色艳丽，适合庭园美化或盆栽。

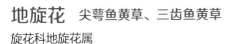

地旋花　尖萼鱼黄草、三齿鱼黄草

旋花科地旋花属

Xenostegia tridentata (L.) D. F. Austin et Staples

Merremia tridentata (L.) Hall. f. ssp. *hastata* (Desr.) v. Ooststr.

特征　平卧或攀援藤本。茎细长，具细棱以至近于具狭翅。叶线状披针形、长圆状披针形或狭圆形，顶端锐尖或钝，有明显的小短尖头，基部戟形，偶抱茎。聚伞花序腋生，有1～3朵花；苞片小，钻状；花冠黄色或白色，漏斗状，长约1.6cm。蒴果球形或卵形，4瓣裂。种子4枚，卵状圆形，黑色，长3～4mm。

分布　生于旷野沙地、路旁或疏林中。产于华南、华东和西南地区。广泛分布于热带非洲、马斯克林群岛、热带亚洲。

用途　可作为垂直绿化材料，用于公路、花篱等的绿化。茎叶入药，有益气、养颜、涩精之功效。

旋花科

母草 玄参科母草属

Lindernia crustacea (L.) F. Muell

特征 草本，根须状，高10～20cm。茎常铺散成丛，多分枝。叶片三角状卵形或宽卵形，长1～2cm，顶端钝或短尖，基部宽楔形或近圆形，边缘有浅锯齿。花单生于叶腋或在茎枝之顶成极短的总状花序；花梗细弱，有沟纹，近无毛；花萼坛状，腹面较深，中肋明显，外面有稀疏粗毛；花冠紫色，长5～8mm；雄蕊4枚，全育；花柱常早落。蒴果椭圆形。种子近球形，浅黄褐色，有明显的蜂窝状瘤突。花果期全年。

分布 生于田边、草地、路边等低湿处。产于华南、华中、华东、西南等地区。广布于热带和亚热带。

用途 生长力强，植株小巧，可作园林地被植物。全草可药用。

通泉草　玄参科通泉草属

Mazus pumilus (N. L. Burman) Steenis

Mazus japonicus (Thunb.) O. Kuntze

特征　一年生草本，高3～30cm。体态变化幅度很大。茎直立，上升或倾卧状上升，着地部分节上常能长出不定根，分枝多而披散，少不分枝。基生叶偶成莲座状或早落，倒卵状匙形至卵状倒披针形，长2～6cm，基部楔形，下延成带翅的叶柄，边缘具不规则的粗齿或基部有1～2片浅的羽裂；茎生叶对生或互生，与基生叶相似或几乎等大。总状花序顶生，常具花3～20朵；花冠白色、紫色或蓝色，长约1cm。蒴果球形。种子小而多数，黄色。花果期4～10月。

分布　生于湿润的草坡、沟边、路旁及林缘。几乎遍布全国。东亚、南亚、中南半岛和俄罗斯也有分布。

用途　花姿小巧、优美可爱，适用于花坛美化或盆栽，也可作地被植物。全草入药，具有解毒、健胃、止痛等功效，治偏头痛、消化不良；外用治脓疱疮、烫伤等。

野甘草　冰糖草　玄参科野甘草属
Scoparia dulcis L.

特征　直立草本或半灌木状，高可达1m。茎多分枝，枝有棱角及狭翅。叶对生或轮生；叶片菱状卵形至菱状披针形，长15～35mm，顶端钝，基部长渐狭，全缘而成短柄。花单朵或更多成对生于叶腋；花梗细，无毛；花冠小，白色，直径约4mm；雄蕊4枚，近等长；花柱挺直，柱头截形或凹入。蒴果卵圆形至球形，直径2～3mm。花果期夏秋间。

分布　生于荒地、路旁，偶见于山坡。产于华南、华东和西南地区。广布于全球热带、亚热带。

用途　常成片生长，可作地被植物或于林下、林缘种植。全株入药，具有疏风止咳、清热利湿的功效，治感冒发热、肺热咳嗽、咽喉肿痛、肠炎、小便不利、脚气水肿、湿疹等症。

玄参科

毛叶蝴蝶草 玄参科蝴蝶草属
Torenia benthamiana Hance

特征　匍匐草本，全体密被白色硬毛。茎多数，细长，长达30cm，具4棱。叶片心形或卵形，顶端钝，基部楔形，边缘具圆齿，叶面被长短不一的硬毛。花常3～5朵排成顶生伞形或总状花序；花冠蓝色、紫红色或淡红色；花柱顶部扩大，2裂，裂片相等。蒴果长椭圆形，长约1cm。花果期8月至翌年5月。

分布　生于平地路边、草地和山地疏林下。产于华南、华东地区。

用途　花期长，花色多样，适合盆栽观赏或装饰花坛、布置花境等。

宽叶十万错 爵床科十万错属

Asystasia gangetica (L.) T. Anders.

特征 多年生草本，高约0.5m。茎秆直立，呈圆柱形，具白色柔毛。叶交互对生；叶片较宽，椭圆形，两面稀疏被短毛，叶交上面的钟乳体点状。总状花序顶生；花序轴4棱，棱上被毛；苞片对生，三角形；小苞片2枚，着生于花梗基部；花冠略呈两唇形，白色，上唇2裂，裂片三角状卵形，下唇3裂，裂片长卵形；雄蕊4枚，花丝无毛，在基部两两结合成对，花药紫色。基部的花早开、先结果，顶部的花晚开。蒴果长圆形，长3cm。花期为9月至翌年2月，花果并存常见于12月至翌年2月。

分布 多见于野草丛中。产于华南、西南地区。印度、东南亚有分布，现已成为泛热带杂草。

用途 花色清雅，是迷人的盆栽观赏花卉。

爵床科

大青 马鞭草科大青属

Clerodendrum cyrtophyllum Turcz.

特征 灌木或小乔木，高达10m。幼枝被短柔毛，枝黄褐色，髓坚实。叶纸质；叶片椭圆形，长6～20cm，先端渐尖或尖，基部近圆，全缘，背面有腺点。伞房状聚伞花序，直径20～25cm；花小，有橘香味；花萼杯状，被黄褐色细绒毛及腺点，长3～4mm；花冠白色，外面疏生细毛和腺点。核果球形或倒卵形，绿色，成熟时蓝紫色，为红色的宿萼所托。花果期6月至翌年2月。

分布 生于海拔1700m以下的平原、丘陵、山地林下或溪谷旁。产于华南、华东、华中、西南各地区。东南亚、东亚也有分布。

用途 花形奇特美丽，洁白如雪；果圆球形，成熟时蓝色。为优良的观花观果花卉，可丛植于草地一隅或门旁两侧，也可盆栽观赏。根和叶入药，有清热、泻火、利尿、凉血、解毒的功效。

苦郎树　许树　马鞭草科大青属
Clerodendrum inerme (L.) Gaertn.

特征　直立或攀援灌木，高达2m。枝叶繁密，幼枝四棱形，黄灰色，被短柔毛。

根、茎、叶有苦味。叶对生，薄革质；叶片椭圆形或卵形，长3～7cm，表面深绿色，全缘。聚伞花序常有3朵花组成，芳香；花序梗长2～4cm；苞片线形，无毛；花萼钟状，被柔毛，具5微齿；花冠白色，顶端5裂；雄蕊伸出，花丝紫红。核果倒卵形，灰黄色，多汁液，内有4分核，花萼宿存。花果期3～12月。

分布　生于海岸沙滩和潮汐能到达的地方。产于华南、华东地区。印度、东南亚至大洋洲北部也有分布。

用途　枝叶繁密，叶色浓绿，花洁白芳香，为优良的防沙景观树，也是海岸地区优良的绿化树种。根入药，有清热解毒、散瘀除湿、舒筋活络的功效。

马鞭草科

赪桐　马鞭草科大青属

Clerodendrum japonicum (Thunb.) Sweet

特征　灌木，高1～4m。小枝四棱形。单叶对生；叶片圆心形，长8～35cm，宽6～27cm，顶端尖或渐尖，基部心形，边缘有疏短尖齿，表面疏生伏毛，背面具锈黄色腺体；叶柄具密黄褐色短柔毛。二歧聚伞花序组成顶生的圆锥花序，长15～34cm，宽13～35cm；苞片宽卵形至线状披针形，小苞片线形；花萼红色，深5裂，裂片卵形或卵状披针形，长0.7～1.3cm；花冠红色，稀白色，花冠管长1.7～2.2cm，顶端5裂，裂片长圆形，长1～1.5cm；雄蕊长约为花冠管的3倍。果实椭圆状球形，绿色或蓝黑色，常分裂成2～4个分核；宿萼增大，初包被果实，后向外反折呈星状。花果期5～11月。

分布　常生于疏林中。产于华南、华东、西南地区及江西、湖南。南亚、东南亚、日本也有分布。

用途　花美丽，可供庭园栽培欣赏。全株入药，能祛风利湿、消肿散瘀。

马鞭草科

马缨丹　马鞭草科马缨丹属
Lantana camara L.

　　特征　多年生蔓性灌木，高1～2m，偶藤状，长达4m。茎枝均呈四方形，有短柔毛，常有短而倒钩状刺。单叶对生，具臭味；叶片卵形或心脏形，长3～8.5cm，宽1.5～5cm，边缘有小锯齿，表面有粗糙的皱纹和短柔毛，背面有小刚毛。头状花序，花稠密；花序梗粗壮，长于叶柄；花萼管状，膜质；花冠黄色或橙黄色，开花后转为深红色。果圆球形，直径约4mm，成熟时紫黑色。全年开花。

　　分布　生长于海边沙滩和空旷地区。原产于美洲热带地区，现在华南、华东地区有逸生。世界热带地区均有分布。

　　用途　花美丽，我国各地庭园常栽培观赏。根、叶、花作药用，有清热解毒、散结止痛、祛风止痒之效，可治疟疾、肺结核、颈淋巴结核、腮腺炎、胃痛、风湿骨痛等。

马鞭草科

过江藤　马鞭草科过江藤属
Phyla nodiflora (L.) E. L. Greene

　　特征　多年生草本，全株被短毛。宿根木质，多分枝。叶近无柄；叶片匙形、倒卵形至倒披针形，顶端钝或近圆形，基部狭楔形，中部以上边缘有锐齿。穗状花序腋生，卵圆形或圆柱形，长0.5～3cm；苞片宽倒卵形；花萼膜质；花冠白色、粉红色至紫红色，无毛；雄蕊短小，不伸出花冠。果淡黄色，长约1.5mm，为花萼包被。花果期6～10月。

　　分布　生于山坡、平地、河滩等湿润地方。产于华南、华中、华东、西南地区。世界热带及亚热带地区广布。

　　用途　花果可爱，可作地被植物或用于花坛、花境布景。全草入药，能破瘀生新、通利小便，治咳嗽、吐血、通淋、痢疾、牙痛、疔毒、枕痛、带状疱疹及跌打损伤等症。

假马鞭　马鞭草科假马鞭属
Stachytarpheta jamaicensis (L.) Vahl

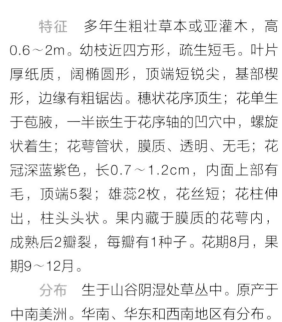

马鞭草科

特征　多年生粗壮草本或亚灌木，高0.6～2m。幼枝近四方形，疏生短毛。叶片厚纸质，阔椭圆形，顶端短锐尖，基部楔形，边缘有粗锯齿。穗状花序顶生；花单生于苞腋，一半嵌生于花序轴的凹穴中，螺旋状着生；花萼管状，膜质、透明、无毛；花冠深蓝紫色，长0.7～1.2cm，内面上部有毛，顶端5裂；雄蕊2枚，花丝短；花柱伸出，柱头头状。果内藏于膜质的花萼内，成熟后2瓣裂，每瓣有1种子。花期8月，果期9～12月。

分布　生于山谷阴湿处草丛中。原产于中南美洲。华南、华东和西南地区有分布。东南亚广泛分布。

用途　可作疏林下地被植物，或栽于林缘、荒地。全草药用，有清热解毒、利水通淋之效，可治尿路结石、尿路感染、风湿筋骨痛、喉炎、急性结膜炎、痈疖肿痛等症。

蜂巢草 唇形科绣球防风属
Leucas aspera (Willd.) Link

特征　一年生草本，高20～40cm。茎具糙硬毛。叶柄极短或无，密被糙硬毛；叶片线形或长圆形的线形，具浅齿，或近全缘。球状的轮状聚伞花序，直径2～3cm，多花，密被糙硬毛；苞片线形，长度倍于花萼，具糙硬毛；花萼管状，长约1cm，先端稍缢缩；花冠白色，稍长于萼筒，长约1.2cm，花筒部长约8mm，下唇展开，中部裂片大。小坚果棕色，长方形，具3棱，长约2mm，发亮。花果期全年。

分布　生于田野、开阔潮湿的地区、沙质草地。产于华南地区。印度、东南亚也有分布。

用途　可盆栽观赏或作地被植物。

荔枝草 唇形科鼠尾草属
Salvia plebeia R. Br.

特征 一年生或二年生草本，高15～90cm。茎直立，粗壮，多分枝，被灰白色疏柔毛。叶片椭圆状卵圆形或椭圆状披针形，草质，先端钝或急尖，基部圆形，边缘有锯齿，两面被疏柔毛。轮伞花序6花，多数，在茎、枝顶端密集组成总状或总状圆锥花序；花冠淡红色、淡紫色、紫色、蓝紫色至蓝色，稀白色，顶端二唇形，上唇长圆形，下唇3裂，外被微柔毛。小坚果倒卵圆形。花期4～5月，果期6～7月。

分布 产于新疆、甘肃、青海及西藏以外的各地区。朝鲜、日本、阿富汗、印度、东南亚至澳大利亚也有分布。

用途 全草入药，清热、解毒、凉血、利尿，用于治疗咽喉肿痛、支气管炎、肾炎水肿、跌打损伤、蛇虫咬伤等。

唇形科

半枝莲 唇形科黄芩属

Scutellaria barbata D. Don

唇形科

特征 多年生草本，高35～55cm。茎无毛。叶片三角状卵形或卵状披针形，先端尖，基部宽楔形或近平截，两面近无毛或沿脉疏被柔毛。总状花序不分明，顶生；下部苞叶椭圆形或窄椭圆形；小苞片针状，长约0.5mm，着生花梗中部；花梗长1～2mm，被微柔毛；花萼长约2mm，沿脉被微柔毛，具缘毛，盾片高约1mm；花冠紫蓝色，长0.9～1.3cm，冠筒基部囊状，上唇半圆形，下唇中裂片梯形，侧裂片三角状卵形。小坚果褐色，扁球形，直径约1mm。花果期4～7月。

分布 生于水田边、溪边或湿润草地上。产于华南、华中、华北、西南、西北地区。东南亚和东亚地区均有分布。

用途 全草入药，清热解毒、止血、消肿。

饭包草 鸭跖草科鸭跖草属
Commelina benghalensis L.

鸭跖草科

特征 多年生披散草本，高30～60cm。茎大部分匍匐，节上生根，上部上升。叶片卵形，长3～7cm，宽1.5～3.5cm。总苞片漏斗状，与叶对生，常数个集于枝顶，下部边缘合生；花数朵；花瓣蓝色，圆形。蒴果椭圆形，长4～6mm，3室，每室具2枚种子。种子长近2mm，多皱并有不规则网纹，黑色。花果期夏秋季。

分布 生于湿地。产于华南、华中、华东等地区。原产于亚洲和非洲的热带和亚热带地区。

用途 盆栽室内观赏，或剪枝水栽于透明玻璃杯中，极幽雅。全草入药，有清热解毒、消肿利尿之效，治小便短赤涩痛、赤痢、疔疮。

节节草 竹节菜 鸭跖草科鸭跖草属
Commelina diffusa N. L. Burm.

　　特征　一年生披散草本。茎匍匐，节上生根，多分枝。叶片披针形或在分枝下部的为长圆形，长3～12cm，宽0.8～3cm，顶端通常渐尖，少急尖，无毛或被刚毛。蝎尾状聚伞花序常单生于分枝上部叶腋，每个分枝一般仅有一个花序；花序自基部开始2叉分枝，一枝有花1～5朵，都为不育；另一枝具短梗，有花3～5朵，可育；花瓣蓝色。蒴果矩圆状三棱形。花果期5～11月。

　　分布　常生于溪边或湿地。产于长江以南广大地区。东亚、欧洲、非洲、北美洲有分布。

　　用途　良好的观叶植物，适合室内栽培。可布置窗台、几架，夏季也可作建筑物背面较阴处的花坛镶边。全草入药，有清热、利尿、明目退翳、祛痰止咳之功效，治目赤肿痛、角膜云翳、肝炎、咳嗽、支气管炎、泌尿系统感染等。

凤眼蓝　凤眼莲、水葫芦、水浮莲

雨久花科凤眼蓝属

Eichhornia crassipes (Mart.) Solms

特征　多年生漂浮植物，根系发达。茎极短，具长匍匐枝。叶基生，莲座状排列，5～10片；叶片圆形，宽卵形或宽菱形，长4.5～14.5cm，宽5～14cm，全缘，具弧形脉，上面深绿色，光亮，质厚，两边微向上卷，顶端略向下翻卷；叶柄中部膨大成囊状或纺锤形，基部有鞘状苞片。小花淡蓝色，四周淡紫红色，中间蓝色的花瓣中央有1黄色圆斑；雄蕊6枚，贴生花被筒，3长3短。蒴果卵圆形。花期7～10月，果期8～11月。

分布　生于水塘、沟渠及稻田中。原产于巴西。现广布于长江以南、黄河流域及华南各地。亚洲热带地区也已广泛生长。

用途　株形优美，叶色亮绿，花色雅致，可用水栽培供室内摆设，也可养殖在公园的池塘。植物柔嫩多汁，含粗蛋白、粗脂肪、粗纤维，可作饲养家畜的饲料。但此植物具有入侵性，使用时需谨慎。

雨久花科

海芋 天南星科海芋属

Alocasia odora (Roxb.) K. Koch

Alocasia macrorrhiza (L.) Schott

天南星科

特征 大型常绿草本，高2～5m。根茎匍匐；地上茎直立，随植株的年龄和人类活动干扰的程度不同，茎高不到10cm，或高达3～5m。叶多数；叶柄绿色，粗厚；叶片盾状着生，近革质，草绿色，箭状卵形，边缘波状，长50～90cm，宽40～90cm。佛焰苞管部绿色，长3～5cm，卵形或短椭圆形；檐部蕾时绿色，花时黄绿色、绿白色，舟状，长圆形，先端喙状；肉穗花序比佛焰苞短，芳香。浆果红色，卵状，长8～10mm，粗5～8mm。花果期四季。

分布 常成片生长于热带雨林林缘或河谷野芭蕉林下。产于华南、华中、华东、西南地区。东南亚、南亚和中南半岛有分布。

用途 美丽的观叶花卉，可作大型盆栽观叶植物。根茎供药用，对腹痛、霍乱、疝气等有良效，又可治肺结核、风湿关节炎、气管炎、流感、伤寒、风湿性心脏病；外用治疗疮肿毒、蛇虫咬伤、烫火伤。

百足藤 蜈蚣藤 天南星科石柑属
Pothos repens (Lour.) Druce

天南星科

特征 木质附生藤本，以气生根攀援树上或附生石上。分枝较细，营养枝具棱，常曲折。叶片矩圆状披针形，长2～4cm；叶柄叶片状，长达10cm，宽达1cm。总花序梗腋生和顶生，长2～3cm；苞片3～5枚，披针形，覆瓦状排列或疏生，花序腋内生；佛焰苞绿色，线状披针形；肉穗花序细圆柱形，长5～7cm，花径约2mm；花被片6枚，黄绿色。浆果散生，椭圆形，长约1cm，鲜红色。花期3～4月，果期5～7月。

分布 常见于林内石上及树干上附生。产于华南、西南地区。越南也有分布。

用途 可用于山石、树干布景。茎叶供药用，能祛湿凉血、止痛接骨，治劳伤、跌打、骨折、疮毒。

露兜树 露兜树科露兜树属

Pandanus tectorius Sol.

特征 多年生有刺灌木或小乔木，高1～2m或更高。茎直立，有分枝，粗大。叶聚生于茎顶，长条披针形，硬革质，边缘和背中脉有钩刺。花浓香，雌雄异株；雄花序由若干穗状花序组成，稍倒垂，每一穗状花序长约5cm，近白色，花被缺；雄蕊多数，呈总状排列；雌花无退化雄蕊，雌花序头状，单生于枝顶，圆球形；子房上位，有胚珠1枚。聚花果大，向下悬垂，单生，近球形，熟时黄红色，由50～70或更多的倒圆锥形、稍有棱角、肉质的小核果集合而成，长20cm，形似"菠萝"，成熟时橘红色。花期8月，果期9～10月。

分布 生于海边沙地或引种作绿篱。产于华南、华东、西南地区。亚洲热带和澳大利亚也有分布。

用途 叶多而密，层叠有序，支柱根群向四周生出，斜插进土中，极具热带风情，可作为美化庭园和海岸的木本观叶植物。根与果实入药，有治感冒发热、肾炎、水肿、腰腿痛、疝气痛等功效。鲜花可提取芳香油。

美冠兰 兰科美冠兰属
Eulophia graminea Lindl.

特征 地生草本。假鳞茎卵球形至近球形，长3～7cm，直径2～4cm，直立，常带绿色，多少露出地面，上部有数节，有时多个假鳞茎聚生成团，直径20～30cm。叶3～5枚，在花全部凋萎后长出，线形或线状披针形，长13～35cm，宽7～10mm，先端渐尖，基部收狭成柄；叶柄套叠成短的假茎，外有数枚鞘。总状花序直立，疏生多数花；花橄榄绿色，唇瓣白色而具紫红色褶片；中萼片卵形或长圆形，长1.1～1.3cm，宽1.5～2mm，先端渐尖；花瓣近狭卵形，先端短渐尖；唇盘上有3～5条纵褶片。蒴果下垂，椭圆形，长2.5～3cm，宽约1cm。花期4～5月，果期5～6月。

分布 生于疏林中草地上、山坡阳处、海边沙滩林中。产于华南、华东、西南地区。东南亚大部分国家及日本均有分布。

用途 叶色碧绿，花色美丽，可植于山石旁，也可盆栽观赏。假鳞茎可入药，主治跌打损伤、血瘀疼痛、外伤出血、痈疽疮疡、虫蛇咬伤。

兰科

畦畔莎草　莎草科莎草属
Cyperus haspan L.

　　特征　多年生草本，根状茎短缩，偶为一年生草本，具许多须根。高2～100cm。秆丛生或散生，扁三棱形，平滑。叶短于秆，宽2～3mm，或有时仅剩叶鞘而无叶片。苞片2枚，叶状；小穗通常3～6枚呈指状排列，少数可多至14枚，线形或线状披针形，具6～24朵花；小穗轴无翅；雄蕊1～3枚，花药线状长圆形，顶端具白色刚毛状附属物；花柱中等长，柱头3枚。小坚果宽倒卵形，三棱形，长约为鳞片的1/3，淡黄色，具疣状小凸起。花果期很长，随地区而改变。

　　分布　多生长于水田或浅水塘等多水的地方，山坡上亦能见到。产于华南地区及福建、台湾、云南、四川各省份。分布于朝鲜、日本、印度、东南亚以及非洲。

　　用途　可作地被或用于水岸绿化。

迭穗莎草　莎草科莎草属
Cyperus imbricatus Retz.

特征　多年生草本，乔木或灌木状。根状茎短，具许多须根。秆粗壮，高达150cm，钝三棱形，平滑，下面为叶鞘所包，具少数叶。叶短于秆，基部折合，上部平张；叶鞘长，红褐色或深褐色。穗状花序，无总花梗或近于无总花梗，紧密排列，圆柱状，具多数小穗；小穗多列，卵状披针形或长圆状披针形；雄蕊3枚，花药短，长圆形；花柱长，柱头3枚。小坚果倒卵形或椭圆形，三棱形，长为鳞片的1/2，平滑。花果期9～10月。

分布　生长于浅水塘中或阴湿的地方。产于台湾、广东、海南。分布于东南亚、东亚、非洲以及美洲。

用途　宿根观叶植物，可丛植或与山石相配而栽植，效果均好。此外，还可作花境。秆可供织席用。

莎草科

断节莎 莎草科莎草属

Cyperus odoratus L.

Torulinium ferax (L. C. Rich.) Urb.

特征 多年生草本。根状茎短缩，具许多较硬的须根。秆粗壮，三棱形，具纵槽，平滑，下部具叶，基部膨大呈块茎。叶短于秆，平张，稍硬，叶鞘长，棕紫色。苞片6～8枚，展开，下面的苞片长于花序；长侧枝聚散花序大，疏展，复出，具7～12个第一次辐射枝，稍硬，扁三棱形，每个辐射枝具多个第二次辐射枝，第二次辐射枝短；穗状花序长圆状圆筒形，具多数小穗；小穗稍稀疏排列，平展，线形，顶端急尖，圆柱状，曲折，具6～16朵花；小穗轴具关节，坚硬，具宽翅，翅椭圆形，初时透明，后期增厚，变成黄色，边缘内卷；鳞片稍松排列，卵状椭圆形，顶端钝，坚硬，凹形；雄蕊3枚，花药线形；花柱中等长，柱头3枚。小坚果长圆形，三棱形，红色，后变成黑色，稍弯。花果期7～10月。

分布 生长在河岸边的潮湿处。产于海南、台湾。全世界热带地区也有分布。

用途 可作地被植物，可丛植或与山石相配而栽植。根茎可入药，解痉、健胃。

香附子 莎草科莎草属

Cyperus rotundus L.

特征　多年生草本，具长匍匐根状茎和块根。秆散生，直立，高20～95cm，三棱形。叶较多，基生，较秆短，平张；叶鞘基部棕色。叶状苞片3～5枚；长侧枝聚伞花序简单或复出，具3～10辐射枝，每枝3～10个小穗，排列成伞形；小穗条形，具6～26枚小花；雄蕊3枚；柱头3枚。小坚果三棱长圆形。花果期5～11月。

分布　生于山坡荒地草丛中或水边潮湿处。产于华南、华中、华东、西南和西北地区。广布于世界各地。

用途　可作为旱作物田退荒后的恢复选草。块茎名为香附子，可供药用，治疗妇科各症，兼具健胃的功效。

莎草科

佛焰苞飘拂草　莎草科飘拂草属

Fimbristylis cymosa (Lam.) R. Br. **var. spathacea** (Roth) T. Koyama

Fimbristylis spathacea Roth

特征　多年生草本。根状茎短。秆几不丛生，高4～40cm，钝三棱形，具槽，叶生基部，老叶鞘黑色。叶比秆短，顶端急尖，坚硬，平张，线形，有细齿，稍具光泽；鞘口无叶舌。苞片1～3枚，直立，叶状；长侧枝聚伞花序小，复出，辐射枝3～6个，钝三棱形；小穗单生，鳞片有色，宽卵形；雄蕊3枚；子房长圆形，柱头2枚。小坚果倒卵形，双凸状，紫褐色。花果期7～10月。

分布　生于河滩石砾间和海边砂中。产于华南和华东地区。非洲和东南亚也有分布。

用途　海滩护坡固沙的优良草种。

水虱草　莎草科飘拂草属

Fimbristylis littoralis Grandich.

Fimbristylis miliacea (L.) Vahl

　　特征　一年生草本，无根状茎。秆丛生，直立，高10～60cm，扁四棱形，具纵槽。叶狭条形，边缘粗糙，顶端渐狭成刚毛状；秆基部的1～3片叶仅具叶鞘。苞片2～4枚，刚毛状；侧枝聚伞花序复出或多次复出；小穗单生于辐射枝顶，近球形；鳞片膜质，锈色；雄蕊2枚；花柱三棱形。小坚果倒卵形，具疣状突起和横长圆形网纹。

　　分布　生于河边草丛、田间、草甸。产于华南、华中、华东、西南地区。东南亚、东亚有分布。

　　用途　可丛植、片植于池塘角偶，作为点缀。

莎草科

三头水蜈蚣　莎草科水蜈蚣属

Kyllinga bulbosa P. Beauvois

Kyllinga triceps Rottb.

　　特征　多年生草本。根状茎短。秆丛生，高8～25cm，扁三棱形，被棕色、疏散的叶鞘。叶短于秆，宽2～3mm，具疏刺。叶状苞片2～3枚，长于花序，极展开；穗状花序3个，稀1个或4～5个，团聚状排列，中间的花序较大，长5～6mm；小穗排列极密，长圆形，具1朵花；雄蕊1～3枚；花柱短，柱头2枚。小坚果长圆形，淡棕黄色。

　　分布　生于路边湿润处。产于广东、海南。南亚、东南亚、非洲也有分布。

　　用途　可作为地被植物。

臭根子草　禾本科孔颖草属

Bothriochloa bladhii (Retz.) S. T. Blake

Bothriochloa bladhif (Retz.) S. T. Blake

　　特征　多年生草本。秆疏丛，高50～100cm，直立或基部倾斜，具多节，节被白毛。叶鞘无毛；叶舌膜质；叶片线形，长10～25cm，宽1～4mm。圆锥花序长9～11cm，每节具1～3枚总状花序；总状花序长3～8cm，具总梗；总状花序轴节间与小穗柄两侧具丝状纤毛；小穗两性，灰绿色或带紫色。颖果倒卵圆形。花果期7～10月。

　　分布　产于华南、华东、西南地区及湖南、陕西。非洲、亚洲至大洋洲的热带和亚热带地区广泛分布。

　　用途　良好的荒坡绿化植物。

蒺藜草　禾本科蒺藜草属

Cenchrus echinatus L.

　　特征　一年生草本。须根较粗壮。秆高约50cm，基部膝曲或横卧地面。叶鞘松弛，压扁具脊，具毛；叶舌短小，具纤毛；叶片线形或狭长披针形，质较软，长5～40cm，宽4～10mm，上面疏生柔毛或无毛。总状花序直立，长4～8cm；刺苞扁圆球形，长5～7mm，宽与长近相等，刚毛在刺苞上轮状着生，每刺苞内具小穗2～6枚；小穗椭圆状披针形，含2小花。颖果椭圆状扁球形。花果期夏季。

　　分布　多生于干热地区临海的沙质土草地。产于海南、台湾、云南。日本、印度、缅甸、巴基斯坦也有分布。

　　用途　生性强健，叶色葱绿，可作地被植物。

禾本科

台湾虎尾草　禾本科虎尾草属
Chloris formosana (Honda) Keng

　　特征　一年生草本。秆直立，或基部平卧地面而于节处生根，高20～70cm。叶鞘两侧压扁，无毛；叶舌无毛；叶片线形，长可达20cm，宽约7mm，无毛或近鞘口处偶具柔毛。穗状花序4～11枚，长3～8cm；小穗长2.5～3mm，含1孕性小花及2不孕小花。颖果纺锤形，长约2mm。花果期8～10月。

　　分布　生于海边沙地或荒地。产于广东、海南、福建及台湾。

　　用途　具有良好的固沙作用，可作为海岸滩涂固沙草种。

狗牙根　禾本科狗牙根属

Cynodon dactylon (L.) Pers.

　　特征　多年生低矮草本，具根茎。秆纤细而坚韧，秆下部节上常生不定根，直立部分高10～30cm。叶鞘无毛或具疏柔毛；叶舌具纤毛；叶片线形，长1～12cm，宽1～3mm，常两面无毛。穗状花序3～6个，长2～6cm；小穗卵状披针形，灰绿色或带紫色；花药淡紫色；子房无毛，柱头紫红色。颖果长圆柱形。花果期为5～10月。

　　分布　多生于村庄旁、河岸、荒地。产于黄河以南各地区。广布于世界温暖地区。

　　用途　优良的固堤保土植物，可用于荒坡绿化，也可铺建草坪。全草入药，祛风活络、凉血止血、解毒，治风湿痹痛、便血、疮疡肿痛等。

龙爪茅　禾本科龙爪茅属

Dactyloctenium aegyptium (L.) Willd.

特征　一年生草木。秆直立，或基部横卧且于节处生根，高15～60cm。叶鞘松弛，边缘被柔毛；叶舌膜质，顶端具纤毛；叶片扁平，长5～18cm，宽2～6mm，先端渐尖，两面被毛。穗状花序2～7个指状排列于秆顶，长1～4cm，宽3～6mm；小穗长3～4mm，含3小花。囊果球状，长约1mm。花果期5～10月。

分布　生于山坡或草地。产于华南、华东和华中地区。世界其他热带及亚热带地区也有分布。

用途　可用于荒坡绿化。

禾本科

升马唐 纤毛马唐 禾本科马唐属
Digitaria ciliaris (Retz.) Koel.

特征 一年生草本。秆基部常横卧地面，节上生根和分枝，高30～90cm。叶鞘常短于节间，具柔毛；叶舌膜质；叶片线形或披针形，长5～20cm，宽3～10mm，上面散生柔毛。总状花序5～8枚，长5～12cm，指状排列于秆顶；小穗披针形，长3～3.5mm，孪生于穗轴一侧。颖果。花果期5～10月。

分布 生于路旁、荒地。产于我国南北各地。全球热带及亚热带广泛分布。

用途 可作为荒坡绿化用草。

光头稗 禾本科稗属
Echinochloa colona (L.) Link

特征 一年生草本。秆直立，高10～60cm。叶鞘压扁，无毛；叶舌缺；叶片扁平，线形，长3～20cm，宽3～7cm，无毛。圆锥花序狭窄，长5～10cm，主轴具棱；花序分枝长1～2cm，排列稀疏，直立上升或贴向主轴；小穗卵圆形，不具小分枝，长不超过2～2.5mm，具小硬毛，无芒，规则排列成4行于穗轴一侧。颖果。花果期夏秋季。

分布 生于湿润的草地上。产于华南、华中、华东、西南及河北。世界温暖地区广泛分布。

用途 可用于荒坡绿化。根入药，利水水肿、止血，治疗水肿、咯血。

禾本科

牛筋草　禾本科䅟属
Eleusine indica (L.) Gaertn.

特征　一年生草本。根系极发达。秆丛生，下部常分枝，高10～90cm。叶鞘两侧压扁而具脊；叶舌长约1mm；叶片线形，长10～15cm，宽3～5mm，无毛或仅上面被柔毛。花序由2～7枚穗状花序呈指状排列于秆顶，稀单生；穗状花序长3～10cm，宽3～5mm；小穗椭圆形，长4～7mm。囊果椭圆形，长约1.5mm。花果期6～10月。

分布　生于荒地。产于我国南北各地区。全球温带和热带广泛分布。

用途　优良的保土植物。根或全草入药，清热利湿、凉血解毒，治黄疸、小儿惊风、淋症等。

鲫鱼草　禾本科画眉草属

Eragrostis tenella (L.) Beauv. ex Roem. et Schult.

　　特征　一年生草本。秆纤细，高15～60cm，直立或呈匍匐状，具3～4节，有条纹。叶鞘松，比节间短，鞘口和边缘均疏生长柔毛；叶舌具纤毛；叶片扁平，长2～10cm，宽3～5mm，上面粗糙，下面光滑，无毛。圆锥花序开展；小穗卵形，含小花4～10朵，成熟后，小穗轴由上而下逐节断落。颖果长圆形，深红色，长约0.5mm。花果期4～8月。

　　分布　生于路边、荒地。产于华南地区及福建、台湾、湖北等。东半球热带地区也有分布。

　　用途　株形小巧、花序轻盈，可作地被植物。

禾本科

牛虱草　禾本科画眉草属

Eragrostis unioloides (Retz.) Nees ex Steud.

特征　一年生或多年生草本。秆直立或下部膝曲，具匍匐枝，高20～60cm。叶鞘松，仅鞘口具长毛；叶舌极短，膜质；叶片近披针形，先端渐尖，长2～20cm，宽3～6mm，上面疏生长毛，下面光滑。圆锥花序开展，长圆形，长5～20cm，宽3～5cm；小穗长圆形或锥形，含小花10～20朵；小花密接而覆瓦状排列，成熟时开展并呈紫色。颖果椭圆形，长约0.8mm。花果期8～10月。

分布　生于荒地、路旁。产华南及江西、福建、台湾、云南等地。亚洲和非洲的热带地区广泛分布。

用途　花序轻盈，花色清雅，可作地被植物。

高野黍 禾本科野黍属
Eriochloa procera (Retz.) C. E. Hubb.

特征 一年生草本。秆丛生，高30～150cm，直立，具分枝。叶鞘具脊，无毛；叶舌具白色纤毛；叶片线形，长10～12cm，宽2～8mm，无毛。圆锥花序长10～20cm，由数枚总状花序组成；总状花序长3～7cm，无毛；小穗长圆状披针形，常带紫色。花期秋季。

分布 生于路边、荒地。产于广东、海南及台湾。东半球热带地区广泛分布。

用途 防风固沙的优良草种，可作牧草。

禾本科

白茅 禾本科白茅属

Imperata cylindrica (L.) Raeuschel

特征 多年生草本。根状茎长且粗壮。秆直立，高30～80cm，具1～3节，无毛。叶鞘聚集于秆基，老后破碎呈纤维状；叶舌膜质；分蘖叶片扁平，长约20cm，宽约8mm，质薄；秆生叶片长1～3cm，窄线形，常内卷，顶端呈刺状，质硬，被白粉。圆锥花序稠密，长20cm，宽达3cm；小穗长4.5～5mm，具长12～16mm的丝状柔毛。颖果椭圆形，长约1mm。花果期4～6月。

分布 生于草地、沙地。我国南北各省广泛分布。亚洲、欧洲、非洲、大洋洲也有分布。

用途 花序白色，观赏性很高，可作地被植物。根茎入药，凉血止血、清热利尿，治血热吐血、衄血、尿血、热病烦渴、湿热黄疸、水肿尿少、热淋涩痛。

红毛草 禾本科糖蜜草属

Melinis repens (Willd.) Zizka

Rhynchelytrum repens (Willd.) Hubb.

特征 多年生草本。根状茎粗壮。秆直立，常分枝，具软毛。叶鞘松，短于节间，具毛；叶舌具柔毛；叶片线形，长可达20cm，宽2～5mm。圆锥花序开展，长10～15cm；小穗卵状椭圆形，长约5mm，具粉红色绢毛。颖果长圆形。花果期6～11月。

分布 生于荒地。原产南非。我国广东、台湾等省引种，现已逸为野生。

用途 可用于荒坡绿化。该种繁殖能力强，使用时需防止其恶性蔓延。

禾本科

类芦　禾本科类芦属

Neyraudia reynaudiana (Kunth) Keng

特征　多年生草本。根状茎木质，须根粗且坚硬。秆直立，高2～3m，粗5～10mm，分枝，节间被白粉。叶鞘仅沿鞘口具柔毛；叶舌密生柔毛；叶片细长，长30～60cm，宽5～10mm，扁平或卷折，无毛或上面具柔毛。圆锥花序长30～60cm，分枝稠密；小穗长6～8mm，含5～8小花；小花外稃多被白色长柔毛。颖果。花果期8～12月。

分布　生于河边、山坡或砾石草地。产于华南、华中、华东及西南地区。东南亚、印度也有分布。

用途　有较强的水土保持能力，为优良的固坡植物。

大黍　禾本科黍属
Panicum maximum Jacq.

特征　多年生草本。根状茎肥粗壮。秆簇生，直立，高1～3m，粗壮，光滑，节上密生柔毛。叶鞘疏生毛；叶舌膜质，顶端被长睫毛；叶片宽线形，硬，长20～60cm，宽1～1.5cm，上面近基部被硬毛，顶端长渐尖，向下收狭呈耳状或圆形。圆锥花序大而开展，长20～35cm，分枝纤细，下部的轮生；小穗长圆形，长约3mm，无毛。颖果。花果期8～10月。

分布　生于荒地。原产于非洲热带地区。广东、台湾等省作饲料栽培，现逸为野生。

用途　植株高大、飘逸，可栽种于水景旁。

鸭姆草　禾本科雀稗属

Paspalum scrobiculatum L.

　　特征　多年生或一年生草本。秆粗壮，直立或基部倾卧地面，高30～90cm。叶鞘一般无毛，常压扁成脊；叶舌长0.5～1mm；叶片披针形或线状披针形，长10～20cm，宽4～12mm，常无毛，顶端渐尖，基部近圆形。总状花序常2～5枚，长3～10cm；小穗圆形至宽椭圆形，长2.5mm左右。颖果。花果期5～9月。

　　分布　生于路旁草地或湿地。产于海南、广西、台湾、云南。世界其他热带地区也有分布。

　　用途　可作地被植物。

金色狗尾草　禾本科狗尾草属

Setaria pumila (Poir.) Roem. et Schult.

Setaria glauca (L.) P. Beauv.

特征　一年生草本。秆直立或基部膝曲，高20～90cm，光滑无毛。叶鞘下部压扁具脊，上部圆形，无毛；叶舌具纤毛；叶片线状披针形或狭披针形，长5～40cm，宽2～10mm，顶端长渐尖，基部钝圆，上面粗糙，下面光滑，近基部疏被柔毛。圆锥花序圆柱状或狭圆锥状，直立，长3～17cm，具金黄色刚毛；小穗簇中常仅有1枚小穗发育。颖果。花果期6～10月。

分布　生于林边、山坡、路边和荒地。产于我国各地。欧亚大陆其他温暖地区也有分布。

用途　花序金黄色，观赏性极高，可作地被植物。全草入药，清热、明目、止痢，治目赤肿痛、赤白痢疾。

禾本科

鼠尾粟　禾本科鼠尾粟属
Sporobolus fertilis (Steud.) Clayt.

　　特征　多年生草本。须根粗壮且长。秆丛生，直立，高25～120cm，坚硬，平滑无毛。叶鞘松，无毛或仅边缘具纤毛；叶舌甚短，纤毛状；叶片质硬，平滑无毛，或仅上面基部疏生柔毛，常内卷成线形，长15～65cm，宽2～5mm。圆锥花序紧缩成线形，长7～44cm；小穗排列紧密，蓝灰色或稍带紫色。颖果。花果期3～12月。

　　分布　生于田野路边、山坡草地及山谷湿处和林下。产于华南、华中、华东、西南、西北地区。南亚、东南亚及日本也有分布。

　　用途　可作荒坡绿化用草。全草或根入药，清热利尿、凉血解毒，治肝炎、黄疸、痢疾等。

主要参考文献 / References

国家药典委员会. 中华人民共和国药典[M]. 北京: 中国医药科技出版社, 2015.

宋立人. 中华本草[M]. 上海: 上海科学技术出版社, 1999.

邢福武, 曾庆文, 陈红锋, 等. 中国景观植物[M]. 武汉: 华中科技大学出版社, 2009.

邢福武, 周劲松, 王发国, 等. 海南植物物种多样性编目[M]. 武汉: 华中科技大学出版社, 2012.

严岳鸿, 周喜乐. 海南蕨类植物[M]. 北京: 中国林业出版社, 2018.

中国科学院中国植物志编辑委员会. 中国植物志(第二卷)[M]. 北京: 科学出版社, 1959.

中国科学院中国植物志编辑委员会. 中国植物志(第十一卷)[M]. 北京: 科学出版社, 1961.

中国科学院中国植物志编辑委员会. 中国植物志(第六十三卷)[M]. 北京: 科学出版社, 1977.

中国科学院中国植物志编辑委员会. 中国植物志(第六十五卷二册)[M]. 北京: 科学出版社, 1977.

中国科学院中国植物志编辑委员会. 中国植物志(第六十六卷)[M]. 北京: 科学出版社, 1977.

中国科学院中国植物志编辑委员会. 中国植物志(第五十四卷)[M]. 北京: 科学出版社, 1978.

中国科学院中国植物志编辑委员会. 中国植物志(第六十七卷一册)[M]. 北京: 科学出版社, 1978.

中国科学院中国植物志编辑委员会. 中国植物志(第十三卷二册)[M]. 北京: 科学出版社, 1979.

中国科学院中国植物志编辑委员会. 中国植物志(第二十五卷二册)[M]. 北京: 科学出版社, 1979.

中国科学院中国植物志编辑委员会. 中国植物志(第五十五卷一册)[M]. 北京: 科学出版社, 1979.

中国科学院中国植物志编辑委员会. 中国植物志(第五十八卷)[M]. 北京: 科学出版社, 1979.

中国科学院中国植物志编辑委员会. 中国植物志(第六十四卷一册)[M]. 北京: 科学出版社, 1979.

中国科学院中国植物志编辑委员会. 中国植物志(第六十七卷二册)[M]. 北京: 科学出版社, 1979.

中国科学院中国植物志编辑委员会. 中国植物志(第七十五卷)[M]. 北京: 科学出版社, 1979.

中国科学院中国植物志编辑委员会. 中国植物志(第二十卷一册)[M]. 北京: 科学出版社, 1982.

中国科学院中国植物志编辑委员会. 中国植物志(第三十一卷一册)[M]. 北京: 科学出版社, 1982.

中国科学院中国植物志编辑委员会. 中国植物志(第六十五卷一册)[M]. 北京: 科学出版社, 1982.

中国科学院中国植物志编辑委员会. 中国植物志(第五十二卷二册)[M]. 北京: 科学出版社, 1983.

中国科学院中国植物志编辑委员会. 中国植物志(第七十三卷二册)[M]. 北京: 科学出版社, 1983.

中国科学院中国植物志编辑委员会. 中国植物志(第四十九卷二册)[M]. 北京: 科学出版社, 1984.

中国科学院中国植物志编辑委员会. 中国植物志(第七十四卷)[M]. 北京: 科学出版社, 1985.

中国科学院中国植物志编辑委员会. 中国植物志(第七十三卷一册)[M]. 北京: 科学出版社, 1986.

中国科学院中国植物志编辑委员会. 中国植物志(第三十三卷)[M]. 北京: 科学出版社, 1987.

中国科学院中国植物志编辑委员会. 中国植物志(第三十九卷)[M]. 北京: 科学出版社, 1988.

中国科学院中国植物志编辑委员会. 中国植物志(第四十九卷一册)[M]. 北京: 科学出版社, 1989.

中国科学院中国植物志编辑委员会. 中国植物志(第六十四卷二册)[M]. 北京: 科学出版社, 1989.

中国科学院中国植物志编辑委员会. 中国植物志(第三卷一册)[M]. 北京: 科学出版社, 1990.

中国科学院中国植物志编辑委员会. 中国植物志(第十卷一册)[M]. 北京: 科学出版社, 1990.

中国科学院中国植物志编辑委员会. 中国植物志(第五十卷二册)[M]. 北京: 科学出版社, 1990.

中国科学院中国植物志编辑委员会. 中国植物志(第八卷)[M]. 北京: 科学出版社, 1992.

中国科学院中国植物志编辑委员会. 中国植物志(第六十一卷)[M]. 北京: 科学出版社, 1992.

中国科学院中国植物志编辑委员会. 中国植物志(第四十卷)[M]. 北京: 科学出版社, 1994.

中国科学院中国植物志编辑委员会. 中国植物志(第四十四卷一册)[M]. 北京: 科学出版社, 1994.

中国科学院中国植物志编辑委员会. 中国植物志(第五十三卷一册)[M]. 北京: 科学出版社, 1994.

中国科学院中国植物志编辑委员会. 中国植物志(第二十三卷二册)[M]. 北京: 科学出版社, 1995.

中国科学院中国植物志编辑委员会. 中国植物志(第四十一卷)[M]. 北京: 科学出版社, 1995.

中国科学院中国植物志编辑委员会. 中国植物志(第二十六卷)[M]. 北京: 科学出版社, 1996.

中国科学院中国植物志编辑委员会. 中国植物志(第三十卷)[M]. 北京: 科学出版社, 1996.

中国科学院中国植物志编辑委员会. 中国植物志(第四十四卷二册)[M]. 北京: 科学出版社, 1996.

中国科学院中国植物志编辑委员会. 中国植物志(第十卷二册)[M]. 北京: 科学出版社, 1997.

中国科学院中国植物志编辑委员会. 中国植物志(第十三卷三册)[M]. 北京: 科学出版社, 1997.

中国科学院中国植物志编辑委员会. 中国植物志(第四十三卷三册)[M]. 北京: 科学出版社, 1997.

中国科学院中国植物志编辑委员会. 中国植物志(第四十四卷三册)[M]. 北京: 科学出版社, 1997.

中国科学院中国植物志编辑委员会. 中国植物志(第八十卷一册)[M]. 北京: 科学出版社, 1997.

中国科学院中国植物志编辑委员会. 中国植物志(第二十三卷一册)[M]. 北京: 科学出版社, 1998.

中国科学院中国植物志编辑委员会. 中国植物志(第二十五卷一册)[M]. 北京: 科学出版社, 1998.

中国科学院中国植物志编辑委员会. 中国植物志(第四十二卷)[M]. 北京: 科学出版社, 1998.

中国科学院中国植物志编辑委员会. 中国植物志(第四十三卷一册)[M]. 北京: 科学出版社, 1998.

中国科学院中国植物志编辑委员会. 中国植物志(第四卷一册)[M]. 北京: 科学出版社, 1999.

中国科学院中国植物志编辑委员会. 中国植物志(第六卷一册)[M]. 北京: 科学出版社, 1999.

中国科学院中国植物志编辑委员会. 中国植物志(第十八卷)[M]. 北京: 科学出版社, 1999.

中国科学院中国植物志编辑委员会. 中国植物志(第三十二卷)[M]. 北京: 科学出版社, 1999.

中国科学院中国植物志编辑委员会. 中国植物志(第五十二卷一册)[M]. 北京: 科学出版社, 1999.

中国科学院中国植物志编辑委员会. 中国植物志(第七十一卷一册)[M]. 北京: 科学出版社, 1999.

中国科学院中国植物志编辑委员会. 中国植物志(第七十一卷二册)[M]. 北京: 科学出版社, 1999.

中国科学院中国植物志编辑委员会. 中国植物志(第七十七卷一册)[M]. 北京: 科学出版社, 1999.

中国科学院中国植物志编辑委员会. 中国植物志(第六卷二册)[M]. 北京: 科学出版社, 2000.

中国科学院中国植物志编辑委员会. 中国植物志(第五十三卷二册)[M]. 北京: 科学出版社, 2000.

中国科学院中国植物志编辑委员会. 中国植物志(第九卷二册)[M]. 北京: 科学出版社, 2002.

中国科学院中国植物志编辑委员会. 中国植物志(第七十卷)[M]. 北京: 科学出版社, 2002.

中国科学院中国植物志编辑委员会. 中国植物志(第六卷三册)[M]. 北京: 科学出版社, 2003.

Wu Z Y, Raven P, Hong D Y. Flora of China, Vol. 17[M]. Beijing: Science Press. St. Louis: Missouri Botanical Press, 1994.

Wu Z Y, Raven P, Hong D Y. Flora of China, Vol. 16[M]. Beijing: Science Press. St. Louis: Missouri Botanical Press, 1995.

Wu Z Y, Raven P, Hong D Y. Flora of China, Vol. 15[M]. Beijing: Science Press. St. Louis: Missouri Botanical Press, 1996.

Wu Z Y, Raven P, Hong D Y. Flora of China, Vol. 18[M]. Beijing: Science Press. St. Louis:

Missouri Botanical Press, 1998.

Wu Z Y, Raven P, Hong D Y. Flora of China, Vol. 4[M]. Beijing: Science Press. St. Louis: Missouri Botanical Press, 1999.

Wu Z Y, Raven P, Hong D Y. Flora of China, Vol. 24[M]. Beijing: Science Press. St. Louis: Missouri Botanical Press, 2000.

Wu Z Y, Raven P, Hong D Y. Flora of China, Vol. 6[M]. Beijing: Science Press. St. Louis: Missouri Botanical Press, 2001.

Wu Z Y, Raven P, Hong D Y. Flora of China, Vol. 8[M]. Beijing: Science Press. St. Louis: Missouri Botanical Press, 2001.

Wu Z Y, Raven P, Hong D Y. Flora of China, Vol. 5[M]. Beijing: Science Press. St. Louis: Missouri Botanical Press, 2003.

Wu Z Y, Raven P, Hong D Y. Flora of China, Vol. 14[M]. Beijing: Science Press. St. Louis: Missouri Botanical Press, 2005.

Wu Z Y, Raven P, Hong D Y. Flora of China, Vol. 22[M]. Beijing: Science Press. St. Louis: Missouri Botanical Press, 2006.

Wu Z Y, Raven P, Hong D Y. Flora of China, Vol. 12[M]. Beijing: Science Press. St. Louis: Missouri Botanical Press, 2007.

Wu Z Y, Raven P, Hong D Y. Flora of China, Vol. 13[M]. Beijing: Science Press. St. Louis: Missouri Botanical Press, 2007.

Wu Z Y, Raven P, Hong D Y. Flora of China, Vol. 7[M]. Beijing: Science Press. St. Louis: Missouri Botanical Press, 2008.

Wu Z Y, Raven P, Hong D Y. Flora of China, Vol. 11[M]. Beijing: Science Press. St. Louis: Missouri Botanical Press, 2008.

Wu Z Y, Raven P, Hong D Y. Flora of China, Vol. 25[M]. Beijing: Science Press. St. Louis: Missouri Botanical Press, 2009.

Wu Z Y, Raven P, Hong D Y. Flora of China, Vol. 10[M]. Beijing: Science Press. St. Louis: Missouri Botanical Press, 2010.

Wu Z Y, Raven P, Hong D Y. Flora of China, Vol. 23[M]. Beijing: Science Press. St. Louis: Missouri Botanical Press, 2010.

Wu Z Y, Raven P, Hong D Y. Flora of China, Vol. 19[M]. Beijing: Science Press. St. Louis: Missouri Botanical Press, 2011.

Wu Z Y, Raven P, Hong D Y. Flora of China, Vol. 20-21[M]. Beijing: Science Press. St. Louis: Missouri Botanical Press, 2011.

Wu Z Y, Raven P, Hong D Y. Flora of China, Vol. 2-3[M]. Beijing: Science Press. St. Louis: Missouri Botanical Press, 2013.

中文名索引 / Chinese Common Names Index

拉丁名索引 / Scientific Names Index